次世代信号情報処理シリーズ　4

Next SIP series

脳波処理と
ブレイン・コンピュータ・
インタフェース

―計測・処理・実装・評価の基礎―

東　広志
中西正樹　共著
田中聡久

コロナ社

シリーズ刊行のことば

信号処理とは，音声，音響，画像，電波など，連続する数値や連続波形が意味を持つデータを加工する技術です。現代のICT社会・スマート社会は信号処理なしには成り立ちません。スマートフォンやタブレットなどの情報端末はコンピュータ技術と信号処理技術が見事に融合した例ですが，私たちがその存在を意識することがないほど，身の回りに浸透しています。さらには，応用数学や最適化，また統計学を基礎とする機械学習などのさまざまな分野と融合しながらさらに発展しつつあります。

もともと信号処理は回路理論から派生した電気電子工学の一分野でした。抵抗，コンデンサ，コイルを組み合わせると，特定の周波数成分を抑制できるアナログフィルタを構成できます。アナログフィルタ技術は電子回路と融合することで能動フィルタを生み出しました。そしてディジタル回路の発明とともに，フィルタもディジタル化されました。一度サンプリングすれば，任意のフィルタをソフトウェアで構成できるようになったのです。ここに「ディジタル信号処理」が誕生しました。そして，高速フーリエ変換の発明によって，ディジタル信号処理は加速度的に発展・普及することになったのです。

ディジタル技術によって，信号処理は単なる電気電子工学の一分野ではなく，さまざまな工学・科学と融合する境界分野に成長し始めました。フィルタのソフトウェア化は，環境やデータに柔軟に適応できる適応フィルタを生み出しました。信号はバッファリングできるようになり，画像信号はバッチ処理が可能になりました。そして，線形代数や統計学を柔軟に応用することで，テレビやカメラに革命をもたらしました。もともと周波数解析を基とする音声処理技術は，ビッグデータをいち早く取り込み，人工知能の基盤技術となっています。電波伝送の一分野だった通信工学は，通信のディジタル化によって信号処理技術なしには成り立たないうえ，現代のスマート社会を支えるインフラとなっています。このように，枚挙に暇がないほど，信号処理技術は社会における各方面での基盤となっているだけでなく，さまざまな周辺技術と柔軟に融合し新たなテクノロジーを生み出しつつあります。

また，現代テクノロジーのコアたる信号処理は，電気・電子・情報系における大学カリキュラムでは必要不可欠な科目となっています。しかしながら，大学における信号処理教育はディジタルフィルタの設計に留まり，高度に深化した現代信号処理からはほど遠い内容となっています。一方で，最新の信号処理技術，またその周辺技術を知るには，論文を読んだり，洋書にあたったりする必要があります。さらに，高度に抽象化した現代信号処理は，ときに高等数学をバックグラウンドにしており，技術者は難解な数学を学ぶ必要があります。以上のことが本分野へ参入する壁を高くしているといえましょう。

これがまさに，次世代信号情報処理シリーズ “Next SIP” を刊行するに至ったきっかけです。本シリーズは，従来の伝統的な信号処理の専門書と，先端技術に必要な専門知識の間のギャップを埋めることを目的とし，信号処理分野で先端を走る若手・中堅研究者を執筆陣に揃えています。本シリーズによって，より多くの学生・技術者に信号処理の面白みが伝わり，さらには日本から世界を変えるイノベーションが生まれる助けになれば望外の喜びです。

2019 年 6 月

次世代信号情報処理シリーズ監修　田中聡久

ま え が き

ブレイン・コンピュータ・インタフェース（BCI）とは，人間（ユーザ）の意図，または意図のために生成した脳の活動を脳計測によって時々刻々と読み取り，本人の意図を外部へ伝達する技術です。

BCI のように，考えるだけでロボットなどを操作する描写を，SF 作品などで見たことがあるのではないでしょうか。かなり古典的な作品でもこの描写は見られ，BCI 的なアイディアは古くから存在していることがわかります。現在の技術では，ロボットを自由自在に動かせるまでには至っていませんが，計測方法によっては，精度の高い操作が可能になっています。例えば，ヒトやサルを対象とした研究では，運動する手の軌道を脳活動から再現したり，想像した軌道を再現できることが報告されています。ここまで来ると，実用化への期待も膨らみます。しかし，このような操作を達成するには侵襲的な計測が必要です。侵襲的な計測とは，脳内部に電極やセンサを設置して脳活動を計測する方法です。設置に開頭手術が必要であり，その危険性は未知数です。

一方で，侵襲でない脳活動の計測方法（非侵襲型計測）も存在します。体外から脳活動を計測するこの方法は，危険性はほとんどありません。手術も不要です。機材さえあれば誰でも計測することができます。しかし，その計測信号は，侵襲計測と比べて，激しく劣化しています。非侵襲型計測の BCI の精度はまだまだ低く，実用化にはほど遠いのが現状です。

頭皮上に設置した電極によって計測される脳波は，非侵襲型計測の一つです。他の非侵襲型計測と比べて，価格面や設置面でのコストが低いのが特徴です。そのため，脳波を使った BCI は世界中で盛んに研究されています。しかし，他の非侵襲型計測と同様に，信号は激しく劣化しており，まともに計測できる脳活動は限られています。このような計測可能な脳活動を誘発するタスクや刺激をうまく利用して，脳波によるインタフェースを設計します。BCIの研究では，タスク・刺激と出力の関係（パラダイム）を工夫したり，信号の劣化を信号処理やパターン認識によって克服することで，インタフェースとしての性能の向上を図ります。

本書は，第一線で脳波BCI研究に携わっている筆者らが，BCIのパラダイムや信号処理について解説したものです。対象とする読者は，電気電子工学や情報工学を初めとする理工学を学ぶ学部生や大学院生，また脳神経科学の工学応用に興味のある研究者・技術者や脳科学の産業応用に興味のある方々を想定しています。基本的に高等学校から大学初年度の数学に関する知識があれば読み進めていけるようになっています。全体の構成は**図**のようになっています。

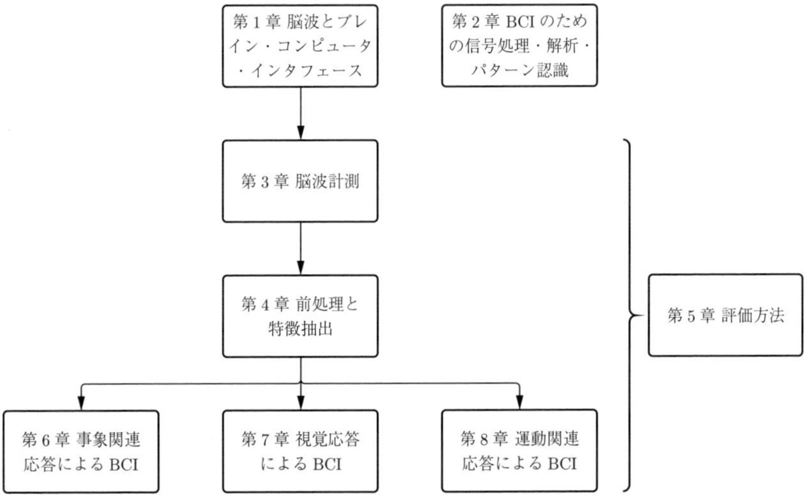

図　本書の構成

まず，第1章で脳波を使ったBCIの概要を述べます。第2章では，BCIのデータ処理に必要な信号処理の基礎的な事項について述べます。第3章では脳波計測について述べます。第4章は，第2章で紹介した信号処理を，具体的にどのように脳波に適用するかを述べています。第5章は，開発したBCIの性能の評価方法について述べます。第6章，第7章，第8章は，事例紹介として三つの代表的なパラダイムに関連する脳波応答（事象関連応答，視覚応答，運動関連応答）を取り上げ，構成方法とそれに特化した信号処理を紹介します。特に，第 8 章では，微分幾何学（リーマン多様体）を信号処理に応用した手法をかなり詳しく説明しているのが特徴となっています。

第 1 章，第 3 章，第 4 章，第 5 章は，すべての BCI 開発における共通事項であるため，第 6 章から第 8 章を読む前に一読することをお勧めします。第 2 章には，これ以降の章で必要となる信号処理の詳細をまとめてありますので，必要なときに参照してください。第 6 章，第 7 章，第 8 章は，それぞれ独立した形で記述されていますので，自分の開発対象や興味に合わせて読むことが可能です。しかしながら，これらの章で扱う内容は，本書で事例として取り上げなかった脳波応答の処理・識別や，将来的に BCI における有効性が新たに認識されるだろう脳波の応答を処理・識別する際にも，ベースラインとして必ず役に立つと信じています。

最後に，原稿に対して有益なコメントをくださった小野弓絵先生（明治大学）と横田達也先生（名古屋工業大学）に感謝します。第 8 章に有益なコメントをいただいた，筆者（田中）の元学生である山本紗有さんにも感謝します。また，原稿の完成を快く待っていただき，丁寧に編集作業を行ってくれたコロナ社の皆さんに感謝します。

2022 年 8 月

東　広志，中西正樹，田中聡久

目　　　　次

1. 脳波とブレイン・コンピュータ・インタフェース

2. BCI のための信号処理・解析・パターン認識

3. 脳波計測

4. 前処理と特徴抽出

5. 評 価 方 法

6. 事象関連応答による BCI

7. 視覚応答による BCI

8.　運動関連応答による BCI

1 脳波とブレイン・コンピュータ・インタフェース

Next SIP

BCI は，認知科学，神経科学，電気工学，情報科学といったさまざまな学問を基礎とした学際的な研究分野です。本章では，BCI の定義と研究の歴史を紹介し，BCI における神経科学的なバックグラウンドについて簡単に述べます。さらに，BCI の構成について触れ，信号処理がどのような役割を担っているのかを述べます。また，これから BCI 研究を始める方に向けて，一般的な開発環境を紹介します。

1.1 定　義

ブレイン・コンピュータ・インタフェース/ブレイン・マシン・インタフェース（brain–computer/machine interfaces, **BCI/BMI**）は，脳とコンピュータ（機械）をつなげるためのインタフェースです[1),2)]†。ここで挙げた二つの呼び方（BCI と BMI）はいまのところ明確な区別はなく，その使い分けも研究者によって異なります。単に「脳につなげる対象がコンピュータか機械か」という使い分けや，「人間を対象とする場合は BCI，動物を対象とする場合は BMI」，「計測方法が侵襲型の場合は BMI，非侵襲型の場合は BCI（侵襲型・非侵襲型については後述します）」という使い分けもあります。また，筆者らの観察では，認知神経学者は BMI を好み，工学者は BCI を好む傾向があります。しかし，基本的にこの二つは同じものを指していると考えてよいでしょう。本書では，二つの用語は同じものを指すと考え，記述は BCI に統一します。

† 肩つき数字は巻末の引用・参考文献を示します。

BCI を「脳とコンピュータをつなげるもの」と定義しましたが，そのつなげ方は「脳からコンピュータ」と「コンピュータから脳」の二通りを考えることができます。「脳からコンピュータ」をつなげるインタフェースは，人間からコンピュータへ情報を伝達するチャネルを作ります。これを，従来のインタフェースと対応させると，手を介して情報を入力するキーボードやマウス，声帯を介する音声入力といった入力デバイスに相当します。逆に，「コンピュータから脳」をつなげるインタフェースは，コンピュータから人間へ情報を伝達するチャネルです。これは，ディスプレイやスピーカといった出力デバイス，もしくは，それを脳に伝えるための人間の視覚や聴覚といった感覚器に相当します。人工網膜や人工内耳といった感覚器の代替を目指す技術は，このような BCI の一つであると考えることができます。しかし，本書では「コンピュータから脳」へのインタフェースではなく，「脳からコンピュータ」のみを取り扱います。

従来のインタフェースは，手や口など体の一部の運動を介して，ユーザの意図をコンピュータに伝えます。一方で BCI は，脳活動を介して，ユーザの意図を伝えます。脳活動はたえず変化しており，その変化の原因を詳細に知ることはいまのところ不可能です。また，まったく同じ脳活動が起こることは，まずあり得ません。しかし，ある特定の精神状態や，課題を行った場合に，再現性のある脳活動の変化パターンを観測することができます。例えば，運動を想起するときに，このようなパターンを観測することができます。このような精神状態や課題（まとめてタスクと呼ぶことにします）を利用することで，脳活動の操作を実現します。タスクとして筋肉運動を伴わないものを選べば，体を動かすことなくインタフェースを構築することができます。これは，キーボード，マウス，音声といったこれまでのインタフェースと大きく異なる点です。このような特徴から，BCI は**筋萎縮性側索硬化症**（amyotrophic lateral sclerosis, **ALS**）の患者や高齢者といった，筋肉運動によるインタフェース操作が難しい人々のための新しいコミュニケーション手段としての応用が期待されています。

1.2 歴　　史

考えるだけで装置を操作する描写は，SF 小説などに頻繁に登場しており，そのアイディア自体は古くから存在していました。このアイディアを具体化したのが，Vidal です。彼は，1973 年に出版された論文[3)]の中で，頭皮上で観測される脳神経の電気活動（脳波）における**視覚誘発電位**（visual evoked potentials, **VEP**）を用いることで，脳から直接情報を伝える技術を実現できることを提案しました。Brain–Computer Interfaces という用語を初めて使ったのもこの論文だといわれています。

さらに，1960 年代から 1970 年代における神経科学の発展に伴い，自分の意思や認知行動によって脳活動を操作できる可能性が示されました。例えば，Fetz は，食料報酬を得る訓練によって，サルが自発的に運動野の活動を操作できることを示しました[4)]。Nowlis と Kamiya は，ヒトにおいて脳波をフィードバックすることで，脳波に観測される周期的な成分（脳波リズム）の一つである α リズムのパワーを操作できることを明らかにしました[5)]。さらに，ネコ[6)]とヒト[7)]の**感覚運動野**（sensorimotor cortex）で観測される μ リズムにおいても，同様の脳活動の変化が観測されました。このような意図的な脳活動を操作することができるタスクの発見が，BCI を現実的なものにしました。

1980 年代，BCI の研究グループは全世界で三つほどであったといわれています[1)]。1990 年代，その数は約 10 グループに増え，2000 年代から急激に増え始め，現在では数百にのぼる研究グループがあるとされています[8)]。2000 年代から急激に BCI 研究が活発化した理由として，計測機器が高性能かつ安価になり，低コストで研究・開発することが可能になったことが挙げられます。また，神経科学研究においてさまざまな認知活動に関連する脳活動が明らかになり，その一部が BCI へ応用可能であることが示されたことも，BCI 研究が活発になった要因です。

BCI の発展において重要な研究は以下のようなものがあります。まず，1988 年の Farwell と Donchin による**事象関連電位**（event-related potentials, **ERP**）を用いた文字入力[9]です。また，Pfurtscheller ら[10]は，身体の運動を想起することによって感覚運動野に発生する脳活動を利用して，左手と右手どちらの運動を想起しているかを，頭皮上脳波から推定しました。さらに，フィードバックを伴う訓練によって，感覚運動野におけるリズム成分パワーが操作できること[11]を利用して，Wolpaw ら[12),13]はコンピュータ画面上のマウスポインタの操作に成功しました。Middendorf ら[14]は，点滅刺激を注視することによって誘発される**定常状態視覚誘発電位**（steady-state visual evoked potentials, **SSVEP**）を利用した BCI を開発しました。以上が，今日の主たる BCI の基になった研究です。

コーヒーブレイク

伝統的な BCI の研究では，事象関連電位（ERP），視覚誘発電位（VEP），**感覚運動律動**（sensorimotor rhythm）の 3 種類がおもな脳波特徴として扱われてきました。では，なぜこの 3 種類なのでしょうか。これ以外の脳波特徴を用いた BCI も提案されていますが，依然としてこの 3 種類の脳波特徴が最も頻繁に用いられています。これは，1.3 節で解説する脳波の発生機序と脳の構造に関連しています。脳波の信号源はダイポールを形成しますが，このダイポールの向きは脳のしわの入り方（脳回と脳溝のパターン）に依存します。この脳のしわの入り方は，個人ごとに完全にランダムであるため，同じ脳活動を表す脳波でも頭皮上の頭皮分布は異なる場合があります。したがって，単純に興味対象の脳活動の信号源に近い頭皮部位に電極を貼ったとしても，その脳活動を観測できるとは限りません。このような脳活動を確実に計測するためには，頭皮全体から脳波を計測し，信号源推定などを行う必要があります。しかしながら，このような演算コストの高い処理はリアルタイム性が要求される BCI では非常に困難です。

一方，先に挙げた 3 種類の脳波特徴の信号源は，個人差の少ない構造を持つ脳部位から発生します。例えば，感覚運動律動は中心溝に近接する感覚運動野から，視覚誘発電位はおもに後頭部の鳥距溝の周辺から発生します。これらの脳波特徴は，信号源に近い頭皮部位に電極を貼ることで，ほぼ確実に観測することができます。したがって，これらを観測するには少数の電極のみで十分であるため，デバイスの簡易化ができ，実用化に適しています。近年では，リアルタイムな信号源推定アルゴリズムなども提案されており，これら 3 種類以外の脳波特徴の BCI

への応用が期待されています。

1.3 脳 の 構 造

BCIは何らかの内因的・外因的なタスクによって誘発される脳活動を利用します。生理学・神経科学研究によって，さまざまなタスクに対する脳活動が明らかになっています。ここでは，脳活動を特徴づける脳の構造を簡単に紹介し，BCIとの関連について述べます。

脳は解剖学的には，**図 1.1** のように大脳，小脳，脳幹に大きく分けることができます。ほとんどの脳活動計測方法は大脳の活動を対象としています。大脳は大脳縦隔と呼ばれる溝によって，左脳と右脳に分かれています。大脳表面には，複数の溝（脳溝，いわゆる脳のしわ）が走っています。代表的な脳溝は，外側溝と中心溝です。これらを基準として大脳の領域を区切ったものを，前頭葉，頭頂葉，側頭葉，後頭葉と呼びます。神経細胞の組織構造が均一である部分をひとまとまりとし，さらに細かく区分したものが，ブロードマンの脳地図です。

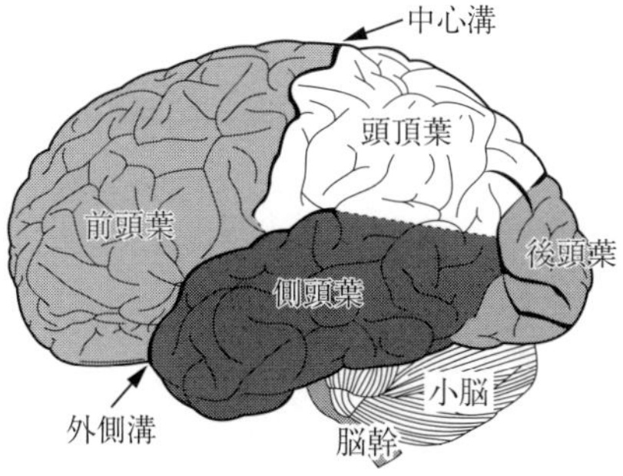

図 **1.1**　脳の構造

ある機能の処理を担う神経細胞は，ある領域にまとまって存在していることがわかっています。このようにまとまって存在していることを局在と呼びます。これは，領野と呼ばれる分類であり，機能的な脳構造を表します。例えば，視覚を担う視覚野は，後頭葉から側頭葉と頭頂葉の一部にまたがる領域とされています。聴覚野は側頭葉の一部，体性感覚野・運動野は中心溝付近に存在します。さらに，感覚・運動野は体の領域に対応させて領域を分けることができます。頭頂部から側頭葉に近い部分にそって，順番に脚，手，頭部の感覚・運動機能を担います。

平均的には上記のような構造を持っていますが，実際は，頭の大きさや形，脳溝の入り方は個人ごとに異なります。ある領野に対応する活動を狙って計測するのは非常に難しいのが現状です。BCI でよく使われる運動想起や視覚刺激といったタスクは，中心溝や後頭部で脳活動を広範囲に誘発します。したがって，脳波といった空間解像度が低い計測方法でも，活動領域を特定しやすくなり，脳活動の変化を安定してとらえることができます。

1.4 基本構成

BCI は，**図 1.2** のような要素で構成されています。それぞれの要素は以下の役割を担っています。

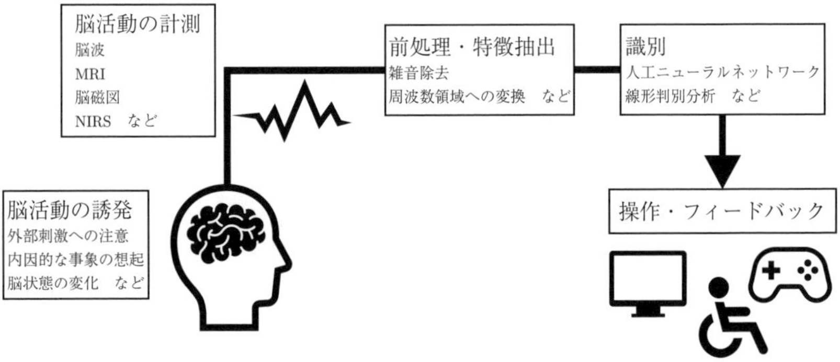

図 **1.2**　BCI の基本的な構成

- **脳活動の誘発**：何らかの外部刺激を用意して刺激に注意を向けたり，ユーザ自身が何らかの内因的な事象を起こすことで，ある特定のパターンを持った脳活動を誘発・誘導させます。このとき，刺激の呈示の仕方や事象の種類などをタスクと呼びます。また，タスクと出力される命令との関係を，**パラダイム**（paradigm）と呼ぶことがあります。一般的なBCIでは，一つのタスクが一つの命令に対応します。例えば，文字入力を目的としたBCIの場合，外部刺激の一つが，一つの文字に対応します。その刺激に注意を向けることで文字入力を行います。

- **脳信号の計測**：誘発された脳活動を計測装置によって計測します。脳活動の計測のために，計測対象，計測方法によってさまざまな装置が開発されています。この後のデータはディジタル信号やディジタル画像として処理されることがほとんどです。そのため電位差などのアナログ信号を，増幅・フィルタリングしたのち，A–Dコンバータでサンプリングしてからディジタル信号，もしくはディジタル画像に変換します。
- **前処理・特徴抽出**：信号に含まれる雑音や不要成分の除去，信号の次元削減などを行い，タスクに関連する脳活動パターンを抽出します。特徴抽出の中でも，雑音除去やベースライン補正といった，本来観測されるであろう信号の状態に近づける処理を，特に前処理と呼びます。フィルタリングや離散フーリエ変換といった周波数領域における処理や，複数チャネルの平均化といった空間領域における処理も，特徴抽出に含まれます。
- **識別**：抽出された脳活動パターンがどのタスクに対応するかを識別します。ここでは，線形判別分析，サポートベクトルマシン，人工ニューラルネットワークといった一般的なパターン識別手法を用いることができます。識別対象であるタスクのことをクラスと呼ぶこともあります。
- **操作・フィードバック**：識別されたタスクに対応する命令を実行します。または，識別結果を視覚などの感覚を通してユーザにフィードバックします。

脳活動の誘発や操作・フィードバックのフェーズを除く，「計測，特徴抽出，識別」からなる手順は，画像認識や音声認識の手順と同じです。つまり，工学的にBCIはパターン認識の応用技術の一つであるといえます。

1.5 分　　類

BCIは，計測方法や脳活動誘発，脳活動計測，実装の方法による分類がいくつか提唱されています。ここでは，分類の一部を紹介します。

脳活動誘発の方法によって，BCIを**能動性**（active），**反応性**（reactive），**受動性**（passive）に分類することができます[15)]。能動性BCIでは，ユーザは内因的なタスクによって脳活動を誘発します。例えば，身体の運動を想起する，暗算をする，言葉を想起するといったタスクがこれにあたります。一方で，反応性BCIは，外部の刺激を用いて脳活動を誘発します。視覚や聴覚における誘発電位を利用するBCIがこれにあたります。受動性BCIは，能動性・反応性と異なり，ユーザは意識的にタスクの実行を行いません。受動性BCIは脳状態を解析しながら，状態に合わせた命令を出力します。例えば，精神負荷や眠気などをモニタリングし，それに合わせて休憩を促したり，警告を発するようなBCIは受動性に分類されます。

BCIが命令入力を受け付けるタイミングによって，同期・非同期で分類することができます[16)]。入力をある特定の時間間隔で受け付けるものや，BCIが指示してタスクを実行させるものが同期型です。同期型BCIはユーザにある特定の時間ごとにタスク実行（入力）を要求するため，自由なタイミングで命令を実行することができません。これに対して，非同期型は常時コマンド入力を受け付けるため，ユーザは自由なタイミングで入力を行うことができます。このために，タスクが実行されていない状態とタスクが実行されている状態を，つねに判別しておく必要があります。キーボードやマウスなどの一般的な入力装置は，内部処理では機械的な同期はされていますが，自由なタイミングで入力できるという点においては非同期型のインタフェースといえます。世の中のインタフェースのほとんどが非同期のコミュニケーションを提供していることからもわかるように，非同期型インタフェースのほうが同期型と比べて使い勝手はよくなります。しかし，BCIにおいては「タスクを実行していない状態」を判別するのは非常に難しいことが知られています。脳活動は，雑音や背景脳波，人間の無意識な思考によって，つねに変化し続けます。したがって，何のタスクを実行していない状態でも，タスクをしているときの脳活動にたまたま似てしまうことがあります。また，タスクを実行していない状態を示す脳活動は多様なパターンがあるため，パターンを定義することが難しくなります。このような理由から BCI で非同期型インタフェースを実現するのは難しく，非同期型 BCI の研究は少ないのが現状です。

脳活動を計測する方法によって，侵襲型・非侵襲型に分類することができます。侵襲型は，開頭手術などを行い，電極やカメラなどのセンサを身体内に埋め込みます。これにより，きわめて雑音の少ない信号を，高い空間解像度で計測することができます。非侵襲型と比べると，性能が高い BCI が開発されています。例えば，ラットによるレバーの操作[17]，サルによるロボットアームの操作[18]，脊髄損傷による四肢麻痺患者によるコンピュータカーソル操作を行わせることに成功しています[19]。しかし，侵襲型 BCI を実現するためには，ユーザは手術を受ける必要があります。また，物理的なセンサを埋め込むため，その劣化に対応するメンテナンスを継続して行う必要があります。このような計測のハードルの高さから，センサを身体表面，あるいは身体外に設置する非侵襲型計測による BCI 実現が期待されています。非侵襲型計測は，**脳波**（electroencephalography, **EEG**）[20]，**脳磁図**（magnetoencephalography, **MEG**）[21]，**機能的核磁気共鳴イメージング**（functional magnetic resonance imaging, **fMRI**）[22]，**近赤外分光法測定**（near-infrared spectroscopy, **NIRS**）[23] などがあります。

1.6　BCI における脳波の利点

脳計測にはいろいろな方法があります。その中でも脳波は，非侵襲型 BCI 研究において広く使われており，本書でも脳波についてのみ取り扱います。脳波が他の計測手段よりも優れている点をここにまとめます。

まず，一つ目が高い時間分解能です。インタフェースの応答速度は時間分解能に依存するため，計測機器の時間分解能が高ければ，より早く情報を伝えることができます。脳波は単に電圧値を計測したものであるため，A–D コンバータの性能限界までサンプリング周波数を上げることができ，市販されている脳波計測装置は 1000 Hz 以上のサンプリング周波数を設定できるものも少なくありません。それに対して，現在のところ fMRI は 1 Hz，NIRS は数十 Hz 程度のサンプリング周波数です。また，fMRI や NIRS は血中の酸素濃度に関連する活動を計測しています。これは，神経活動の 2 次的な効果（神経活動の結果，血中の酸素濃度が変化する）であるため，神経の電気活動を直接計測するのに比べて，変化に時間がかかります。神経活動の 1 次的な活動を計測対象とする脳波は，より早く脳活動を特定するのに有利です。

つぎは導入コストの低さです。脳波計測機器として，数千万円以上のものから数万円程度のものまで現在販売されています。購入後に必要なものは，電極やキャップ，ジェルなどの消耗品です。また計測機器（アンプや記録装置）は電気のみで駆動するため，ランニングコストが安く済みます。一方で，MRI や MEG はランニングコストだけで年に 1000 万円以上必要である場合があります。

最後に，脳波は多様な計測シチュエーションに対応可能であることが挙げられます。fMRI や MEG は，装置設置のために，数 m 四方のスペースが必要です。それに比べて，脳波のための計測装置は小型化が可能であり，計測装置全体を机の上に収めることができます。また，小型なため可搬性に優れています。近年では，簡単に持ち運べる脳波計が登場しており，これを用いれば日常生活に近いシチュエーションでの脳活動計測が可能になります。さらに，雑音などに十分な注意が必要ですが，運動を伴う脳活動計測も行うことができます。

1.7 開　発　環　境

脳波計測については第 3 章で述べますが，データを取得した後の処理，信号処理・パターン認識部を実装するためのソフトウェアについて紹介しておきます。これらは文献24) によくまとめられています。

最も広く使われているソフトウェアはMathWork社のMATLABとSimulinkです。MATLABは行列・ベクトルの取扱いが容易であるため，C言語やFORTRANなどの従来のプログラミング言語よりも短時間で科学技術計算が習得可能です。離散フーリエ変換やフィルタといった基本的な信号処理は導入時から利用可能です。高度なデータ処理が必要な場合は，Signal Processing Toolbox, Statistics and Machine Learning Toolboxといった追加ライブラリを導入することができます。世界中の研究グループがMATLABで動作する脳信号処理やBCIに特化したライブラリを作成しています。例えば，筆者の中西が所属する研究所が開発・運用しているEEGLAB[†1]やBCILAB[†2]，ほかにもBCI2000[†3]，OpenBMI[†4]，SPM[†5] などがあります。また，ほとんどの脳波アンプにおいて，データ出力のためのMATLAB用のソフトウェアが用意されており，生体アンプなどからのデータ取得が容易です。また，心理物理実験に用いられる視覚刺激作成のためのツールボックスである，Psychtoolbox[†6]が使用可能です。このため，インタフェース（視覚刺激やフィードバック），データ取得，データ処理をMATLABのみで実装することができます。MATLABは有償ソフトウェアですが，MATLABとよく似た文法で科学技術計算を行うことができる無償のソフトウェアGNU Octave[†7]もあります。

Python も広く使われています。Numpy[†8]やScipy[†9]などのライブラリを導入すれば，行列計算やデータ処理のための基本的な関数を使うことができます。さらに，Scikit-learn[†10]といった機械学習のためのライブラリが充実しており，最新の手法を容易に実装することができます。これらのライブラリは無償で提

†1 https://sccn.ucsd.edu/eeglab/index.php
†2 https://sccn.ucsd.edu/wiki/BCILAB
†3 http://www.schalklab.org/research/bci2000
†4 http://openbmi.org
†5 http://www.fil.ion.ucl.ac.uk/spm/
†6 http://psychtoolbox.org
†7 https://www.gnu.org/software/octave/index
†8 http://www.numpy.org
†9 https://www.scipy.org
†10 http://scikit-learn.org/stable/

供されています。また，PsychoPy†といった心理物理実験のための視覚刺激作成のためのライブラリも充実しています。

1.8 む　す　び

本章では，歴史，基本構成，分類など，BCI の基本事項について述べました。次章より，脳波計測の具体的な手順，信号処理の理論と適用方法，BCI の構成方法などを具体的に紹介してきます。本書の読み方については，「まえがき」およびまえがきの図を参考にしてください。

† https://www.psychopy.org

2 BCIのための信号処理・解析・パターン認識

Next SIP

本章では，BCIの構築に必要な信号処理，信号解析の手法を紹介します。それらの理解に必要な数学的な準備を冒頭に含めました。本章以降では，本章で紹介する手法の脳波に対する具体的な使い方を紹介しています。これらの手法は基本的なものであるため，これらの手法の意味や定義を理解するのは重要です。しかし，BCIを作るために自分の手で実装する必要はほとんどないと思います。したがって，本章はとりあえず飛ばしてしまって構いません。その後，これらの処理手法・解析手法に手を加える必要があるときなど，本章に立ち返って定義や意味を確認することができます。また,「手法にはどういう意味があるのか」や「出力にはどういう意味があるのか」を知ることで，脳波を理解する手がかりを得ることができます。

2.1 数学的準備

2.1.1 ベクトルと行列の基礎

ここでは，BCIに必要な線形代数の知識を概説します。より詳細に理解したい場合は，例えば文献25) を参考にしてください。

（1）ベクトル　何らかのデータがあって，それをまとめて表記したものがベクトルです。計算機言語における「配列」と同じです。いま，数値が M 個あり，それらを $a_1, a_2, \cdots, a_M$ と表記しておきます。これを縦に並べて

$$\boldsymbol{a} = \begin{bmatrix} a_1 \\ a_2 \\ \vdots \\ a_M \end{bmatrix} \tag{2.1}$$

のようにまとめて表記したものを数ベクトルまたは単純に**ベクトル**（vector）と呼びます。縦に並べたことを強調したければ，縦ベクトルもしくは**列ベクトル**（column vector）と呼びます。ベクトルに並べられている数値 $a_i, i = 1, 2, \cdots, a_M$ のことを**成分**（compoment）と呼びます。成分の数 M のことをサイズと呼びます。また，$\boldsymbol{a}$ は太字で書くことで，数値（ベクトルに対してスカラと呼びます）と区別します。成分がすべて 0 であるベクトルを $\boldsymbol{o}$ と表記し，**零ベクトル**（zero vector）と呼びます。

縦があれば横もあり

$$\boldsymbol{a} = [a_1, a_2, \cdots, a_M] \tag{2.2}$$

のように横に並べたベクトルを横ベクトルもしくは**行ベクトル**（row vector）呼びます。縦ベクトルを横にする，横ベクトルを縦にする操作を転置と呼び，$\cdot^T$ という記号を用います。縦ベクトル $\boldsymbol{a}$ に対して，$\boldsymbol{a}^T$ は横ベクトルです。

サイズ M のベクトル $\boldsymbol{a}$ に対して，スカラ α を乗じた $\alpha\boldsymbol{a}$ を**スカラ積**（scalar product）と呼び，すべての要素に α が乗算されているベクトルになります。二つのベクトル $\boldsymbol{a}$，$\boldsymbol{b}$ はサイズが同じであれば，成分どうしを加算したものとして和 $\boldsymbol{a} + \boldsymbol{b}$ を定義できます。

（2）行　　列　数値を縦か横に並べたものがベクトルでした。これを拡張して，数値を 2 次元状に並べたものが**行列**（matrix）です。計算機言語でいえば，2 次元配列がこれにあたります。

具体的には，$i = 1, 2, \cdots, N$，$j = 1, 2, \cdots, L$ に対して数値 a_{ij} を並べた

$$
\boldsymbol{A} = \begin{bmatrix} a_{11} & a_{12} & \cdots & a_{1L} \\ a_{21} & a_{22} & \cdots & a_{2L} \\ \vdots & \vdots & \ddots & \vdots \\ a_{N1} & a_{N2} & \cdots & a_{NL} \end{bmatrix} \tag{2.3}
$$

をサイズ $N \times L$ 行列と呼びます。この数値 a_{ij} をベクトルの場合と同様に成分と呼びます。また，N を行数，L を列数と呼びます。つまり，列数1の行列は縦ベクトルと等しく，行数1の行列は横ベクトルと等しいことになります。

ベクトルの転置は，行列表記の行と列を入れ替えたものと解釈できます。この考え方を拡張すると，行列の転置を導入できます。すなわち，行列 $\boldsymbol{A}$ の成分 a_{ij} に対し，行と列を入れ替えた a_{ji} を成分に持つ行列を転置と呼び，$\boldsymbol{A}^T$ と表記します。

行列にもベクトルと同様にスカラ積と和を導入できます。すなわち，スカラ積はすべての成分にスカラを乗じたもの，和はサイズが同じ二つの行列の成分どうしを加算したものです。

行数，列数が等しい行列を**正方行列**（square matrix）と呼びます。サイズ $M \times M$ の正方行列（しばしばサイズ M の正方行列と呼びます）$\boldsymbol{A}$ の成分を a_{mn} とするとき，$m = n$ の成分を**対角成分**（diagonal component），$m \neq n$ の成分を**非対角成分**（non-diagonal component）と呼びます。特に，対角成分がすべて1で，非対角成分がすべて0である行列を**単位行列**（identity matrix）と呼び，$\boldsymbol{I}$ と表記します。

（3） 行列の積　サイズ $M \times P$ の行列 $\boldsymbol{A}$ とサイズ $Q \times N$ の行列 $\boldsymbol{B}$ に対して，$P = Q$ のときに限って積を定義できます。そこで改めて，$\boldsymbol{A}$ のサイズを $M \times K$，$\boldsymbol{B}$ のサイズを $K \times N$ とします。そして，$\boldsymbol{A}$ の成分を a_{mk}，$\boldsymbol{B}$ の成分を b_{kn} とおきます。このとき

$$
c_{mn} = \sum_{k=1}^{K} a_{mk} b_{kn} \tag{2.4}
$$

を成分に持つ行列 $\boldsymbol{C}$ を定義します。このとき $\boldsymbol{C}$ のサイズは $M \times N$ となりま

す。この $\boldsymbol{C}$ を $\boldsymbol{A}$ と $\boldsymbol{B}$ の積と呼び

$$\boldsymbol{C} = \boldsymbol{A}\boldsymbol{B} \tag{2.5}$$

のように表記します。なお，$M \neq N$ であれば，$\boldsymbol{B}\boldsymbol{A}$ は定義できないことに注意してください。

サイズ M の正方行列 $\boldsymbol{A}$ と単位行列 $\boldsymbol{I}$ について

$$\boldsymbol{A}\boldsymbol{I} = \boldsymbol{I}\boldsymbol{A} = \boldsymbol{A} \tag{2.6}$$

が成り立ちます。また，$\boldsymbol{A}$ と乗算をすると $\boldsymbol{I}$ になる行列を**逆行列**（inverse matrix）と呼び，$\boldsymbol{A}^{-1}$ と表現します。つまり，$\boldsymbol{A}$ とその逆行列 $\boldsymbol{A}^{-1}$ の間には

$$\boldsymbol{A}^{-1}\boldsymbol{A} = \boldsymbol{A}\boldsymbol{A}^{-1} = \boldsymbol{I} \tag{2.7}$$

なる関係があります。任意の行列に対して，逆行列は必ずしも存在するわけではないことに注意してください。特に，逆行列が存在する行列は**正則である**（regular, non-singular）といいます。

なお，行列の積については

$$(\boldsymbol{A}\boldsymbol{B})^T = \boldsymbol{B}^T\boldsymbol{A}^T \tag{2.8}$$

$$(\boldsymbol{A}\boldsymbol{B})^{-1} = \boldsymbol{B}^{-1}\boldsymbol{A}^{-1} \tag{2.9}$$

が成り立ちます。

（4） 内積とノルム　　一般に，サイズ M の縦ベクトル $\boldsymbol{x} = [x_1, x_2, \cdots, x_M]^T$，$\boldsymbol{y} = [y_1, y_2, \cdots, y_M]^T$ に対して，演算 $\boldsymbol{x}^T\boldsymbol{y}$ を**ユークリッド内積**（Euclidean inner product），または単に**内積**（inner product）と呼びます。要素で書き下すと

$$\boldsymbol{x}^T\boldsymbol{y} = \sum_{i=1}^{M} x_i y_i \tag{2.10}$$

と表現できます。特に，$\boldsymbol{x}$ どうしの内積 $\boldsymbol{x}^T\boldsymbol{x}$ で決まる量

$$\|\boldsymbol{x}\| = \sqrt{\boldsymbol{x}^T\boldsymbol{x}} \tag{2.11}$$

は**ノルム**（norm）と呼ばれます。ノルムは「ベクトルの長さ」としても知られていますが，「長さ」はさまざまな場面で使われる用語なので，本書ではノルムと呼ぶことにします。ベクトルや内積もノルムも，線形代数学や関数解析学では，より広い意味を持つ概念ですが，ここでは上記の定義を用いることにします。

特に重要な性質は，内積が 0 になる場合（$\boldsymbol{x}^T\boldsymbol{y}=0$）で，このとき二つのベクトルは**直交する**（orthogonal）といいます。いま，サイズ $M\times N$ の行列 $\boldsymbol{U}$ を列ベクトルを明示的に表しながら

$$\boldsymbol{U}=[\boldsymbol{u}_1,\boldsymbol{u}_2,\cdots,\boldsymbol{u}_N] \tag{2.12}$$

と定義します。ここで，$\boldsymbol{U}^T\boldsymbol{U}=\boldsymbol{I}$ が成り立つとき，$\boldsymbol{U}$ は列直交行列と呼び，特に $M=N$ の正方行列であれば，単に**直交行列**（orthogonal matrix）と呼びます。$\boldsymbol{U}^T\boldsymbol{U}$ が単位行列 $\boldsymbol{I}$ に等しいのですから，$\boldsymbol{U}^T\boldsymbol{U}$ の (i,j) 成分は $\boldsymbol{u}_i^T\boldsymbol{u}_j$ であり，$i\neq j$ であれば $\boldsymbol{u}_i^T\boldsymbol{u}_j=0$，$i=j$ であれば $\boldsymbol{u}_i^T\boldsymbol{u}_i=1$ であることがわかります。このように，サイズ N のベクトルの集合 $\{\boldsymbol{u}_1,\boldsymbol{u}_2,\cdots,\boldsymbol{u}_N\}$ がこのような条件を満たしているとき，この集合のことを特に**正規直交基底**（orthonormal basis）と呼びます。

2.1.2 期待値，分散，共分散，相関係数

信号処理において，分散や共分散は頻繁に現れます。これらを説明するために，まず，期待値を定義します。ある変数 x がある実数値をとる確率を，確率密度 $p(x)$ で表します。このとき，ある関数 $f(x)$ の平均値を**期待値**（expectation）と呼び

$$E[f(x)]=\int p(x)f(x)dx \tag{2.13}$$

と定義します。期待値は，N 個のサンプル $\{x_n\}_{n=1}^N$ を用いて

$$E[f(x)]\simeq\frac{1}{N}\sum_{n=1}^{N}f(x_n) \tag{2.14}$$

で近似することができます。$f(x)=x$ としたときの期待値の近似

$$E[x] \simeq \frac{1}{N}\sum_{n=1}^{N} x_n \tag{2.15}$$

が算術平均（標本平均とも呼ばれる）と対応しています。

ベクトル $\boldsymbol{x} \in \mathbb{R}^D$ に対しても同様に，関数 $f(\boldsymbol{x})$ の期待値は，$\boldsymbol{x}$ の同時分布 $p(\boldsymbol{x}) = p(x_1, x_2, \cdots, x_D)$ を使って

$$E[f(\boldsymbol{x})] = \int p(\boldsymbol{x}) f(\boldsymbol{x}) dx \tag{2.16}$$

と求めることができます。$f(\boldsymbol{x}) = \boldsymbol{x}$ としたときの期待値の近似

$$E[\boldsymbol{x}] = \int p(\boldsymbol{x}) \boldsymbol{x} dx \simeq \frac{1}{N}\sum_{n=1}^{N} \boldsymbol{x}_n \tag{2.17}$$

は，サンプル $\{\boldsymbol{x}_n\}_{n=1}^N$ の標本平均に対応します。

ある確率変数 x がその平均値 $E[x]$ の周りでどのくらいばらつくかは，**分散** (variance)

$$\mathrm{Var}[x] = E\left[(x - E[x])^2\right] = E[x^2] - E[x]^2 \tag{2.18}$$

で測ることができます。サンプルを使った近似は

$$\mathrm{Var}[x] \simeq \frac{1}{N}\sum_{n=1}^{N} (x_n - \bar{x})^2 \tag{2.19}$$

で求められ，**標本分散** (sample variance) と呼ばれます†。ここで，$\bar{x}$ は式 (2.17) で求められる標本平均です。標本分散の計算は演算子

$$\mathrm{Var}(\{x_n\}_{n=1}^N) = \frac{1}{N}\sum_{n=1}^{N} (x_n - \bar{x})^2 \tag{2.20}$$

で表されることがあります。ここで，$\mathrm{Var}(\cdot)$ の入力は集合ですが，ベクトル形式 $\boldsymbol{x} = [x_1, x_2, \cdots, x_N]^T$ で書くこともあります。分散の平方根を取ったもの

† 標本分散の期待値が $\mathrm{Var}[x]$ に一致するように，標本分散に $N/(N-1)$ を乗じたものを不偏分散と呼び，$\frac{1}{N-1}\sum_{n=1}^{N}(x_n - \bar{x})^2$ で定義されます。N が大きくなれば標本分散と不偏分散の差は小さくなります。

が**標準偏差**（standard deviation）です。標準偏差は記号 σ で表すこともあり，これに対して，σ^2 は分散を表します。

二つの確率変数 x と y があるとき，これらが同時に変動する割合は，**共分散**（covariance）

$$\mathrm{Cov}[x, y] = E_{x,y}\left[(x - E[x])(y - E[y])\right] = E_{x,y}[xy] - E[x]E[y] \tag{2.21}$$

で測ることができます。上式で期待値に付く添字は，多変数の入力に対して，どの変数について平均を取るかを示しています。対応関係のある 2 種類のサンプル（$\{x_n\}_{n=1}^N$ と $\{y_n\}_{n=1}^N$）による**標本共分散**（sample covariance）は

$$\mathrm{Cov}(\{x_n\}_{n=1}^N, \{y_n\}_{n=1}^N) = \frac{1}{N}\sum_{n=1}^{N}(x_n - \bar{x})(y_n - \bar{y}) \tag{2.22}$$

と求めます。二つの確率変数ベクトル $\boldsymbol{x}$ と $\boldsymbol{y}$ に関して，共分散は

$$\mathrm{Cov}[\boldsymbol{x}, \boldsymbol{y}] = E_{\boldsymbol{x},\boldsymbol{y}}\left[(\boldsymbol{x} - E[\boldsymbol{x}])(\boldsymbol{y} - E[\boldsymbol{y}])^T\right] = E_{\boldsymbol{x},\boldsymbol{y}}[\boldsymbol{x}\boldsymbol{y}^T] - E[\boldsymbol{x}]E[\boldsymbol{y}] \tag{2.23}$$

で表される行列で，**共分散行列**（covariance matrix）と呼ばれます。この行列の i, j 要素は，$\boldsymbol{x}$ の第 i 要素と $\boldsymbol{y}$ の第 j 要素の共分散です。ベクトル $\boldsymbol{x}$ の要素間の共分散は $\mathrm{Cov}[\boldsymbol{x}, \boldsymbol{x}]$ で求められ，単に $\mathrm{Cov}[\boldsymbol{x}]$ と書かれることもあります。この場合，対角要素 (i, i) は，第 i 要素の分散です。サンプル（$\{\boldsymbol{x}_n\}_{n=1}^N$ と $\{\boldsymbol{y}_n\}_{n=1}^N$）による**標本共分散行列**（sample covariance matrix）は

$$\mathrm{Cov}(\{\boldsymbol{x}\}_{n=1}^N, \{\boldsymbol{y}\}_{n=1}^N) = \frac{1}{N}\sum_{n=1}^{N}(\boldsymbol{x}_n - \bar{\boldsymbol{x}})(\boldsymbol{y}_n - \bar{\boldsymbol{y}})^T \tag{2.24}$$

で求められます。

共分散を入力変数の標準偏差で正規化し，-1 以上 1 以下の実数値を取るようにして，扱いやすくしたものが**相関係数**（correlation coefficient）です。確率変数 x, y の相関係数は

$$\mathrm{Corr}[x,y]=\frac{\mathrm{Cov}[x,y]}{\sqrt{\mathrm{Var}[x]}\sqrt{\mathrm{Var}[y]}} \tag{2.25}$$

で定義されます。**標本相関係数**（sample correlation coefficient）は

$$\mathrm{Corr}(\{x_n\}_{n=1}^N,\{y_n\}_{n=1}^N)=\frac{\sum_{n=1}^N(x_n-\bar{x})(y_n-\bar{y})}{\sqrt{\sum_{n=1}^N(x_n-\bar{x})^2}\sqrt{\sum_{n=1}^N(y_n-\bar{y})^2}} \tag{2.26}$$

で与えられます。

2.1.3 正定値行列と固有値問題

サイズ $N\times L$ の行列 $\boldsymbol{X}$ に対して

$$\boldsymbol{C}=\boldsymbol{X}\boldsymbol{X}^T \tag{2.27}$$

で決まる行列を定義することがよくあります。この $\boldsymbol{C}$ はサイズ N の正方行列であり，$\boldsymbol{C}^T=\boldsymbol{C}$ なる関係を容易に確認できます。これを**対称性**（symmetry）と呼び，対称性を持つ行列を**対称行列**（symmetric matrix）と呼びます。統計学的に $\boldsymbol{C}$ は**標本相関行列**（sample correlation matrix）と呼ばれ，脳波の信号処理ではしばしば現れる行列です。

この $\boldsymbol{C}$ と，サイズ N の $\boldsymbol{o}$ ではない任意のベクトル $\boldsymbol{u}$ に対して

$$\boldsymbol{u}^T\boldsymbol{C}\boldsymbol{u}=\boldsymbol{u}^T\boldsymbol{X}\boldsymbol{X}^T\boldsymbol{u}=(\boldsymbol{X}^T\boldsymbol{u})^T\boldsymbol{X}^T\boldsymbol{u}=\|\boldsymbol{X}^T\boldsymbol{u}\|\geq 0 \tag{2.28}$$

が成り立ちます。このような行列 $\boldsymbol{C}$ は**半正定値**（positive semi-definite）であるといい，$\boldsymbol{C}\geq 0$ と表記します。また，いかなる非零の $\boldsymbol{u}$ に対して，$\boldsymbol{u}^T\boldsymbol{C}\boldsymbol{u}>0$ となる場合，$\boldsymbol{C}$ は**正定値**（positive definite）であるといい，$\boldsymbol{C}>0$ と表記します。

ここで，行列とベクトルの乗算 $\boldsymbol{C}\boldsymbol{u}$ が出てきました。一般に，$\boldsymbol{u}$ によっては，$\boldsymbol{C}\boldsymbol{u}$ が単なるベクトルのスカラ積 $\lambda\boldsymbol{u}$ になることがあります。つまり

$$\boldsymbol{C}\boldsymbol{u}=\lambda\boldsymbol{u} \tag{2.29}$$

が成り立つような $\boldsymbol{u}$ を**固有ベクトル**（eigenvector），λ を固有値と呼びます。

また式 (2.29) を固有方程式と呼び，固有方程式の解を求める問題を**固有値問題**（eigenvalue problem）と呼びます。固有値と固有ベクトルの議論をする場合，$\boldsymbol{C}$ は必ずしも対称行列である必要はないのですが，本書では対称行列の固有値・固有ベクトルのみを扱います。

サイズ N の対称行列に対しては，式 (2.29) を満たす固有値，固有ベクトルの組が必ず N 個存在することが知られています。そこで，N 個の固有ベクトルを大きい順に並べてインデックスを付けることにします。つまり，N 個の固有値 $\lambda_n, n = 1, 2, \cdots, N$ は $\lambda_1 \geq \lambda_2 \geq \cdots \geq \lambda_N$ を満たしているとします。

重要なことは，$\boldsymbol{C}$ が半正定値（$\boldsymbol{C} \geq 0$）であれば，最小の固有値について $\lambda_N \geq 0$ が成り立つことです。同様に，正定値行列 ($\boldsymbol{C} > 0$) に対しては，$\lambda_N > 0$ です。$\boldsymbol{u}^T\boldsymbol{C}\boldsymbol{u} = \boldsymbol{u}^T\lambda\boldsymbol{u} = \lambda\|\boldsymbol{u}\|^2$ と表現でき，任意の $\boldsymbol{u}$ に対して $\boldsymbol{u}^T\boldsymbol{C}\boldsymbol{u} > 0$ なので，$\lambda_N > 0$ が成り立ちます。

もう一つ重要な性質は，対称行列の固有ベクトルどうしは直交するということです。すなわち，$\{\boldsymbol{u}_1, \boldsymbol{u}_2, \cdots, \boldsymbol{u}_N\}$ は正規直交基底に取ることが可能です。証明は本シリーズ第 1 巻[25)] を見ていただくとして，この固有ベクトルで定義される行列

$$\boldsymbol{U} = [\boldsymbol{u}_1, \boldsymbol{u}_2, \cdots, \boldsymbol{u}_N] \tag{2.30}$$

と，対角成分が固有値で，非対角成分が 0 である行列

$$\boldsymbol{\Lambda} = \begin{bmatrix} \lambda_1 & 0 & \cdots & 0 \\ 0 & \lambda_2 & \cdots & 0 \\ \vdots & \vdots & \ddots & \vdots \\ 0 & \cdots & 0 & \lambda_N \end{bmatrix} \tag{2.31}$$

を用いると，対称行列 $\boldsymbol{C}$ は

$$\boldsymbol{C} = \boldsymbol{U}\boldsymbol{\Lambda}\boldsymbol{U}^T \tag{2.32}$$

と分解できます。これを**固有値分解**（eigendecomposition）と呼びます。

なお，対称行列が正定値（$\boldsymbol{C}>0$）であれば逆行列 $\boldsymbol{C}^{-1}$ が存在し，その固有値分解は

$$\boldsymbol{C}^{-1}=\boldsymbol{U}\boldsymbol{\Lambda}^{-1}\boldsymbol{U}^{T} \tag{2.33}$$

となります。証明は $\boldsymbol{C}\boldsymbol{C}^{-1}=\boldsymbol{I}$ を示せばよいです。行列 $\boldsymbol{\Lambda}^{-1}$ は，固有値の逆数で決まる行列です。つまり

$$\boldsymbol{\Lambda}^{-1}=\begin{bmatrix} \frac{1}{\lambda_1} & 0 & \cdots & 0 \\ 0 & \frac{1}{\lambda_2} & \cdots & 0 \\ \vdots & \vdots & \ddots & \vdots \\ 0 & \cdots & 0 & \frac{1}{\lambda_N} \end{bmatrix} \tag{2.34}$$

と表現されるので，$\boldsymbol{C}$ の固有値分解が得られていれば，逆行列の計算は容易です。

2.1.4　特殊な行列

固有値分解を用いると，以下のような特殊な行列を定義することができます。

(1)　行列平方根　　スカラ a の平方根 $\sqrt{a}$ のように，対称行列にも平方根を定義することができます。対称行列 $\boldsymbol{C}$ に対して

$$\boldsymbol{C}^{1/2}=\boldsymbol{U}\boldsymbol{\Lambda}^{1/2}\boldsymbol{U}^{T} \tag{2.35}$$

を**行列平方根**（matrix square root）と呼びます。ここで，$\boldsymbol{\Lambda}^{1/2}$ は，対角成分が固有値の平方根である行列

$$\boldsymbol{\Lambda}^{1/2}=\begin{bmatrix} \sqrt{\lambda_1} & 0 & \cdots & 0 \\ 0 & \sqrt{\lambda_2} & \cdots & 0 \\ \vdots & \vdots & \ddots & \vdots \\ 0 & \cdots & 0 & \sqrt{\lambda_N} \end{bmatrix} \tag{2.36}$$

です。スカラの平方根と同様に，$\boldsymbol{C}^{1/2}\boldsymbol{C}^{1/2}=\boldsymbol{C}$ が成立します。

(**2**) **行列指数と行列対数** 正方行列 $\boldsymbol{X}$ に対して

$$\exp \boldsymbol{X} = \sum_{n=0}^{\infty} \frac{\boldsymbol{X}^n}{n!} = \boldsymbol{I} + \boldsymbol{X} + \frac{\boldsymbol{X}^2}{2} + \cdots \tag{2.37}$$

を**行列指数**（matrix exponential）と呼びます。また，正方行列 $\boldsymbol{A}$ に対して，$\boldsymbol{A} = \exp \boldsymbol{Y}$ となるような $\boldsymbol{Y}$ が存在するとき，この $\boldsymbol{Y}$ を**行列対数**（matrix logarithm）と呼び $\log \boldsymbol{A}$ と表現します。

行列が対称であれば，行列指数と行列対数は固有値分解を用いて表現できます。対称行列 $\boldsymbol{C}$ の固有値分解が式 (2.32) で与えられるとき，$\boldsymbol{C}$ の行列指数は

$$\exp \boldsymbol{C} = \boldsymbol{U} \exp \boldsymbol{\Lambda} \boldsymbol{U}^T \tag{2.38}$$

のように表現できます。ここで

$$\exp \boldsymbol{\Lambda} = \begin{bmatrix} e^{\lambda_1} & 0 & \cdots & 0 \\ 0 & e^{\lambda_2} & \cdots & 0 \\ \vdots & \vdots & \ddots & \vdots \\ 0 & \cdots & 0 & e^{\lambda_N} \end{bmatrix} \tag{2.39}$$

です。

行列対数は対称行列が正定値であれば定義できます。対称正定値行列 $\boldsymbol{C} > 0$ に対して，行列対数は

$$\log \boldsymbol{C} = \boldsymbol{U} \log \boldsymbol{\Lambda} \boldsymbol{U}^T \tag{2.40}$$

と表現できます。$\log \boldsymbol{\Lambda}$ は

$$\log \boldsymbol{\Lambda} = \begin{bmatrix} \log \lambda_1 & 0 & \cdots & 0 \\ 0 & \log \lambda_2 & \cdots & 0 \\ \vdots & \vdots & \ddots & \vdots \\ 0 & \cdots & 0 & \log \lambda_N \end{bmatrix} \tag{2.41}$$

で定義される対角行列です。対数は（狭い意味で）正の実数にしか定義できないので†，行列には正定値性が求められます。

† 関数論的には複素数に対して定義できるのですが，ここでは議論を簡潔にするため，狭い意味での対数を考えます。

2.1.5 一般化固有値分解

$N \times N$ 行列 $\boldsymbol{A}$ と $\boldsymbol{B}$ に対して，方程式

$$\boldsymbol{A}\boldsymbol{u} = \lambda \boldsymbol{B}\boldsymbol{u} \tag{2.42}$$

の解を求める問題を**一般化固有値問題**（generalized eigenvalue problem）と呼びます。もし，$\boldsymbol{B}$ に逆行列が存在すれば，両辺に左から $\boldsymbol{B}^{-1}$ を乗じれば

$$\boldsymbol{B}^{-1}\boldsymbol{A}\boldsymbol{u} = \lambda \boldsymbol{u}$$

となるので，$\boldsymbol{B}^{-1}\boldsymbol{A}$ の固有値問題にほかなりません。

ここでは，$\boldsymbol{A}$ と $\boldsymbol{B}$ が対称行列で，正定値である場合を考えます。この場合は，$\boldsymbol{B}^{-1}\boldsymbol{A}$ は対称ではなくなります。したがって，対称行列の固有値問題のさまざまな性質が成り立たなくなります。

一方で，対称行列の特徴を生かした解法が存在します。まず，$\boldsymbol{B}$ の行列平方根を用いれば，式 (2.42) は

$$\boldsymbol{A}\boldsymbol{B}^{-1/2}\boldsymbol{B}^{1/2}\boldsymbol{u} = \lambda \boldsymbol{B}^{1/2}\boldsymbol{B}^{1/2}\boldsymbol{u}$$

と変形できます。両辺に左から $\boldsymbol{B}^{-1/2}$ を乗じると

$$\boldsymbol{B}^{-1/2}\boldsymbol{A}\boldsymbol{B}^{-1/2}\boldsymbol{B}^{1/2}\boldsymbol{u} = \lambda \boldsymbol{B}^{1/2}\boldsymbol{u}$$

となります。ここで

$$\boldsymbol{v} = \boldsymbol{B}^{1/2}\boldsymbol{u}$$

とおくことで

$$(\boldsymbol{B}^{-1/2}\boldsymbol{A}\boldsymbol{B}^{-1/2})\boldsymbol{v} = \lambda \boldsymbol{v}$$

と変形できます。したがって，これは対称行列 $\boldsymbol{B}^{-1/2}\boldsymbol{A}\boldsymbol{B}^{-1/2}$ の固有値問題にほかなりません。正則行列どうしの積はまた正則なので，固有値分解

$$\boldsymbol{B}^{-1/2}\boldsymbol{A}\boldsymbol{B}^{-1/2} = \boldsymbol{V}\boldsymbol{\Lambda}\boldsymbol{V}^T$$

が存在します。ここで，$\boldsymbol{V} = [\boldsymbol{v}_1, \boldsymbol{v}_2, \cdots, \boldsymbol{v}_N]$，$\boldsymbol{\Lambda} = \mathrm{diag}(\lambda_1, \lambda_2, \cdots, \lambda_N)$ で

す。これより

$$\boldsymbol{A} = \boldsymbol{B}^{1/2}\boldsymbol{V}\boldsymbol{\Lambda}(\boldsymbol{B}^{1/2}\boldsymbol{V})^T \tag{2.43}$$

を得ます。これを，**一般化固有値分解**（generalized eigendecomposition）と呼びます。

2.1.6 対称行列の同時対角化

式 (2.43) における $\boldsymbol{v}_i$ は対称行列の固有ベクトルなので，異なる固有ベクトルどうしはたがいに直交します。また，それぞれのノルムを 1 にすれば

$$\boldsymbol{V}^T\boldsymbol{V} = \boldsymbol{I}$$

が成立します。そうすると，式 (2.43) より

$$(\boldsymbol{B}^{-1/2}\boldsymbol{V})^T\boldsymbol{A}\boldsymbol{B}^{-1/2}\boldsymbol{V} = \boldsymbol{\Lambda}$$

が成り立ちます。この式の持つ意味は，$\boldsymbol{B}^{-1/2}\boldsymbol{V}$ が $\boldsymbol{A}$ を対角化する行列になっているということです。つぎに

$$(\boldsymbol{B}^{-1/2}\boldsymbol{V})^T\boldsymbol{B}\boldsymbol{B}^{-1/2}\boldsymbol{V} = \boldsymbol{V}^T\boldsymbol{V} = \boldsymbol{I}$$

となるので，$\boldsymbol{B}^{-1/2}\boldsymbol{V}$ は $\boldsymbol{B}$ をも対角化します。これを対称行列の**同時対角化**（joint diagonalization）と呼び，信号分離問題などに使われます。

2.1.7 信号のサンプリングとベクトル・行列表記

脳波は表皮上に貼り付けた電極位置における電圧変動を表します。したがって，これは時間 t の信号（関数）であり，$x(t)$ のように表現することが可能です†。実際には，A–D コンバータで離散化したうえ，計算機で処理するため，連続時間ではなく，離散時間（$n = 0, 1, 2, \cdots$）で表すのが一般的です。このよう

† 連続信号と離散信号を区別するために，本書では，連続信号を $x(t)$，離散信号を $x[n]$ のように表し，括弧の違いで表現することにします。

な表現は，計算機言語における**配列**（array）を意識したものになっています。ある時刻 n の信号の値 $x[n]$ を，**信号標本**（signal sample）や**信号値**（signal value）と呼びます。

脳波計測の際は，複数の電極を貼り付けて同時に計測するので，電極（チャネル）が M 個あるとすれば，それぞれの電極における脳波は $x_m[n], m = 1, 2, \cdots, M$ と表現できます†。ある離散時刻 n における多チャネル脳波を，まとめて縦ベクトル $\boldsymbol{x}[n] = [x_1[n], x_2[n], \cdots, x_M[n]]^T$ と表現します。

脳波を処理するときは，ある長さの時間（1 s や 2 s だったりします）をひとかたまりのデータとして取り扱います。その時間に対応する離散時刻の点数を N とすれば，$n = 0, 1, \cdots, N-1$ に対して，$\boldsymbol{x}[n]$ を並べた表現はサイズ $M \times N$ の行列

$$\boldsymbol{X} = [\boldsymbol{x}[0], \boldsymbol{x}[1], \cdots, \boldsymbol{x}[N-1]] \tag{2.44}$$

になります。これを本書では**脳波信号**（EEG signal），または単純に脳波と呼ぶことにします。また N はしばしば，**信号の長さ**（signal length）と呼ばれ，時間とサンプリング周波数で決まります。例えば，サンプリング周波数 1 000 Hz で，2 s 間の信号であれば，$N = 2\,000$ となります。

$\boldsymbol{X}$ の第 n 列は縦ベクトルであり，時刻 n における各チャネルの信号標本を並べたものです。$\boldsymbol{X}$ の第 m 行はチャネル m における脳波そのものになります。

2.2 フィルタ

フィルタとは，信号から特定の成分を抽出したり，または不必要な成分を除去したりする処理のことです。フィルタ処理のことをフィルタリングと呼び，これは信号処理における最も基本的な操作です。特に，**線形時不変**（linear time-invariant, **LTI**）システムで実現されるフィルタは広く使われています。LTI シ

† 本書では，慣例に従い特に断りのない限り，離散時間のインデックスには n を用いて 0 開始（$n = 0, 1, \cdots, N-1$），チャネルのインデックスには m を用いて 1 開始（$m = 1, 2, \cdots, M$）としています。

ステムのパラメータをうまく選ぶと，信号の特定の周波数成分を強調したり抑制したりすることができます。これがフィルタの役割です。BCI においては，雑音除去やある特定の周波数帯域を持つ脳波リズムの抽出に使われます。

2.2.1 線形時不変システムとフィルタ

LTI システムは，1 サンプルの入力に対して，1 サンプルの出力を返すモデルです。具体的には，LTI システムは，入力信号 $x[n]$ に対して，出力

$$y[n] = \sum_{k=0}^{\infty} h[k]x[n-k] \tag{2.45}$$

を返します。ここで，$h[n]$ を**インパルス応答**（impulse response）と呼びます。また，この演算を**畳込み**（convolution）と呼びます。

式 (2.45) において，和のインデックス k は 0 から始まりますが，これは未来の入力を必要としないための表現となっています。このように，出力を得るために未来の入力を必要としない性質を**因果性**（causality）と呼びます。別のいい方をすると，システムが因果的である条件は，$n < 0$ で，$h[n] = 0$ となることです。

しかしながら，式 (2.45) は無限回の積と和の演算（無限級数）であるため，現実的に構成することができません。実際には，式 (2.45) の代わりに，**再帰システム**（recursive system）

$$y[n] = -\sum_{k=1}^{N} a[k]y[n-k] + \sum_{k=0}^{M} b[k]x[n-k] \tag{2.46}$$

でフィルタは表現されます。この再帰システムは，右辺第 1 項が過去の出力 $y[n-k], k = 1, 2, \cdots$ に依存し，第 2 項が入力だけで構成されます。これを図で表現したものが**図 2.1** (a) となります。この図は，離散システムの回路図と呼ばれるものです。図の $\oplus$ は加算を表現し，線の上に $a[k]$ または $b[k]$ と書かれている箇所は，それらの係数による乗算を表しています。また，z^{-1} は，信号の時刻（インデックス）を一つ前に戻す操作を表します。正式には，**遅延素子**（delay）と呼ばれます。

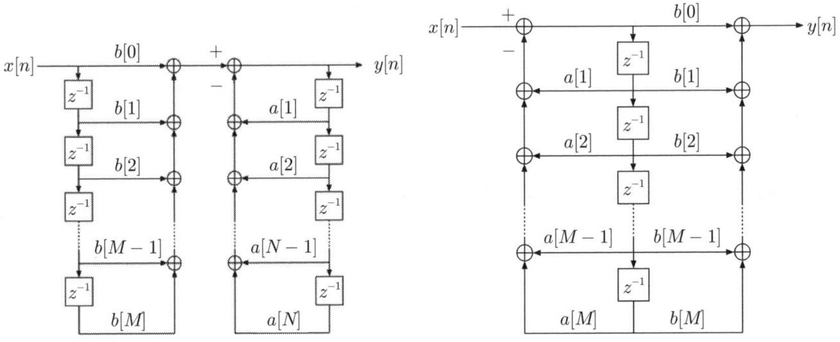

(a)　直接型 I　　　　(b)　直接型 II

図 2.1　IIR フィルタの構成図（回路図）。二通りの構成方法があります。直接型 II は，遅延器を半分に減らすことができます。z^{-1} は信号のタイミングを一つ遅らせる素子です

つぎに，$N \neq 0$ であるとき，式 (2.46) を変形すると，無限級数である式 (2.45) に帰着されることを示せます[†1]。このことは，このシステムが実質的に無限個のインパルス応答 $\{h[n]\}_{n=0}^{\infty}$ を持つと解釈できます。このようなシステムを，**無限インパルス応答**（infinite impulse response, **IIR**）フィルタと呼びます。

IIR フィルタでは，出力が再び入力されるので，その取扱いに注意が必要です。例えば，式 (2.46) で，$N = 1$，$M = 0$，$b[0] = 1$，$a[1] = -a$ で与えられるシステム

$$y[n] = ay[n-1] + x[n] \tag{2.47}$$

を考えます。この入出力モデルのパラメータは a です。上式を変形すると

$$y[n] = \lim_{k \to \infty} a^{k+1} y[n-(k+1)] + \sum_{k=0}^{\infty} a^k x[n-k] \tag{2.48}$$

となります。入出力信号は有限の値を取りますので（$|x[n]|, |y[n]| < \infty$[†2]），この式は $|a| \geq 1$ のとき発散します。つまり，システムが安定的に動作するには，$|a| < 1$ である必要があることがわかります。システムが発散しないとき，**安定**

---

†1　証明は本書では割愛しますが，信号処理の成書を参考にしてください。

†2　入出力が発散していないことを**有界である**（bounded）といい，そのような入出力信号のことを **BIBO**（bounded input bounded output）と呼びます。

(stable) であると呼び，安定かどうかの性質を**安定性**（stability）と呼びます。このように IIR フィルタは安定性をつねに意識する必要があるのです。

一方で，式 (2.46) で，$N=0$ のとき，式 (2.45) を有限項 M で打ち切った形式（インパルス応答が有限個 $\{h[n]\}_{n=0}^{M}$）になることを理解できます。このようなフィルタを**有限インパルス応答**（finite impulse response, **FIR**）フィルタと呼びます。これを図で表したものが**図 2.2** です。なお，FIR フィルタは入力信号が有界であればつねに安定であるといった特徴を持ちます。

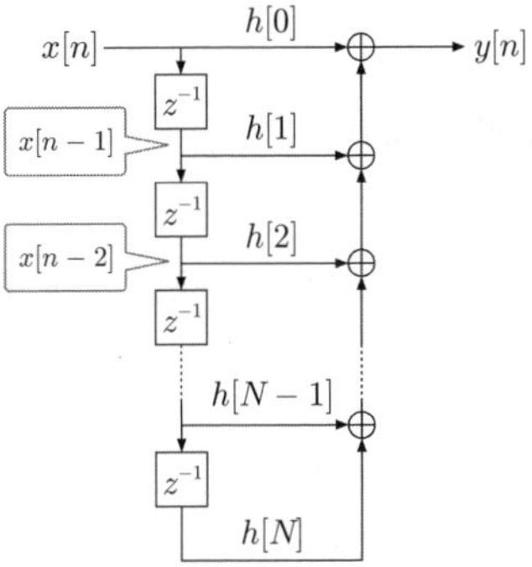

図 2.2　FIR フィルタの構成図（回路図）

以上からわかることは，LTI システムとは，システムの内部メモリに M 個の過去の入力 $x[n-1], x[n-2], \cdots, x[n-M]$ と，N 個の過去の出力 $y[n-1], y[n-2], \cdots, y[n-N]$ が格納されており，現在（時刻 n）の入力 $x[n]$（スカラ値であることに注意）に対してメモリの値と積和演算をすることで出力 $y[n]$ を得るモデルであることがわかります。したがって，実時間で信号を処理する場合に適したモデルであるといえましょう。もちろん，実時間処理は必須ではなく，それが可能な状況ではこの後で述べる零遅延処理が可能になります。

2.2.2　伝達関数と周波数特性

（1） z 変 換　フィルタが持つ性質はインパルス応答で決まります。ここで，形式的に z^{-1} の多項式を

$$H(z) = \sum_{n=-\infty}^{\infty} h[n] z^{-n} \tag{2.49}$$

と定義します。このように定義した $H(z)$ を $h[n]$ の **z 変換**（z-transform）と呼びます。z 変換は，フィルタの構成（回路設計）や，この後で述べる安定性の解析で重要な役割を果たします。z 変換はいかなる時系列にも定義できるので，インパルス応答に限らず，信号 $x[n]$，$y[n]$ に対しても式 (2.49) により z 変換 $X(z)$，$Y(z)$ がそれぞれ定義できます。

特にフィルタの場合は，因果律を満たすので，式 (2.49) は

$$H(z) = \sum_{n=0}^{\infty} h[n] z^{-n} \tag{2.50}$$

と表現できます。これを特に，**片側 z 変換**（single-sized z-transform）と呼びます。

信号 $x[n]$ を k だけ遅延した信号 $x[n-k]$ の z 変換 $\mathcal{Z}\{x[n-k]\}$ は重要な性質です。z 変換の定義（式 (2.49)）から

$$\mathcal{Z}\{x[n-k]\} = \sum_{n=-\infty}^{\infty} x[n-k] z^{-n} = z^{-k} \sum_{n=-\infty}^{\infty} x[n] z^{-n} = z^{-k} X(z) \tag{2.51}$$

が成り立ちます。つまり，k の遅延は，z 変換の領域では $X(z)$ に z^{-k} を乗じたものになります。遅延の量が $k=1$ であれば，時刻 1 の遅延は z 変換領域で z^{-1} を乗じればいいことになります。これが，システムの回路図（例えば図 2.1 (a)）で，遅延器 z^{-1} と表現する理由です。

遅延信号に対する z 変換の性質を用いると，つぎの重要な性質が得られます。式 (2.45) の右辺を $x[n]$ について z 変換すると

$$\begin{aligned} Y(z) &= \sum_{n=-\infty}^{\infty} y[n] z^{-n} \\ &= \sum_{n=-\infty}^{\infty} \left(\sum_{k=0}^{\infty} h[k] x[n-k] \right) z^{-n} \\ &= \sum_{k=-\infty}^{\infty} \sum_{m=-\infty}^{\infty} h[k] z^{-k} x[m] z^{-m} \end{aligned}$$

$$= \left(\sum_{n=-\infty}^{\infty} h[n]z^{-n}\right)\left(\sum_{n=-\infty}^{\infty} x[n]z^{-n}\right)$$
$$= H(z)X(z) \tag{2.52}$$

が得られます。このことは，畳込みが z 変換どうしでは乗算になる，つまりフィルタは線形の演算であることがわかります。いい換えると，インパルス応答 $h[n]$ の z 変換は，入出力の比

$$H(z) = \frac{Y(z)}{X(z)} \tag{2.53}$$

で表現できます。この $H(z)$ を特に**伝達関数**（transfer function）と呼びます。

つぎに，再帰システムの伝達関数を式 (2.46) から求めてみましょう。式 (2.46) の両辺で z 変換を取ると

$$Y(z) = -\sum_{k=1}^{N} a[k]z^{-k}Y(z) + \sum_{k=0}^{M} b[k]z^{-k}X(z) \tag{2.54}$$

となるので

$$\left(1 + \sum_{k=1}^{N} a[k]z^{-k}\right)Y(z) = \sum_{k=0}^{M} b[k]z^{-k}X(z) \tag{2.55}$$

より伝達関数

$$H(z) = \frac{Y(z)}{X(z)} = \frac{\sum_{k=0}^{M} b[k]z^{-k}}{1 + \sum_{k=1}^{N} a[k]z^{-k}} \tag{2.56}$$

を得ます。これは IIR フィルタの一般的な伝達関数ですが，$N = 0$ とすることで，FIR フィルタの伝達関数

$$H(z) = \sum_{n=0}^{M} h[n]z^{-n} \tag{2.57}$$

が得られます。ここでは，表記上 $h[n] = b[n]$ と置き換えました。

（**2**） **離散時間フーリエ変換**　信号 $x[n]$ の z 変換において，$z = e^{j\omega}$ を代入すると，ω の関数

$$X(e^{j\omega}) = \sum_{n=-\infty}^{\infty} x[n]e^{-j\omega n} \tag{2.58}$$

になります。これを特に，**離散時間フーリエ変換**（discrete-time Fourier transform, **DTFT**）と呼びます。ここで，$e^{-j\omega n}$ は，**離散複素正弦波**（discrete complex-valued sinusoid）と呼ばれる波形です。ここでのパラメータ ω は正規化角周波数（もしくは離散信号の角周波数）と呼ばれる量であり，単位は〔rad〕です。特に，正規化角周波数は $-\pi$ から π の値を取ることに注意します。例えば $\omega = 2\pi$〔rad〕は，$e^{j2\pi n} = e^{j0n}$ なので，$\omega = 0$〔rad〕に等価となります。正規化角周波数は，連続正弦波の周波数 F〔Hz〕，離散化のときのサンプリング周波数 F_s〔Hz〕で決まる量で

$$\omega = 2\pi \frac{F}{F_s} = \Omega T_s \tag{2.59}$$

なる関係が成り立ちます。第 2 式は，正弦波の角周波数が $\Omega = 2\pi F$〔rad/s〕，サンプリング周期が $T_s = 1/F_s$ で決まることから得られる式です。第 2 式からは，正規化角周波数 ω〔rad〕が，サンプリングの間隔 T_s〔s〕の間に進む角度であることが理解できます。

例えば，α 波は 10 Hz 程度の脳波リズムなので，これを $F_s = 1\,000$〔Hz〕でサンプリングした離散脳波は $\omega = 2\pi(10/1\,000) = 0.02\pi$〔rad〕の正規化角周波数を持ちます。以下では簡単のため，正規化角周波数を単に周波数と呼ぶ場合があります。

ここで，形式的に離散複素正弦波の**直交性**（orthogonality）†と呼ばれる性質を使うことで，$X(e^{j\omega})$ から $x[n]$ を得る逆変換式（逆 DTFT）

$$x[n] = \frac{1}{2\pi} \int_{-\pi}^{\pi} X(e^{j\omega}) e^{j\omega n} d\omega \tag{2.60}$$

† $\int_{-\pi}^{\pi} e^{-j\omega(n-m)} d\omega$ は，$m = n$ のとき 2π，$m \neq n$ のとき 0 となり，これを離散複素正弦波の直交性と呼びます。これにより，式 (2.58) の両辺に $e^{j\omega m}$ を乗じて，両辺を $-\pi$ から π まで積分すると，$\int_{-\pi}^{\pi} X(e^{j\omega}) e^{j\omega m} d\omega = \sum_{n=-\infty}^{\infty} x[n] \int_{-\pi}^{\pi} e^{-j\omega(n-m)} d\omega = 2\pi x[m]$ が得られます。

が得られます。逆 DTFT の式 (2.60) からわかることは，離散信号はさまざまな正規化角周波数の複素離散正弦波を重ね合わせたものであり，$X(e^{j\omega})$ とは，それぞれの ω に対応する複素重みとなっていることがわかります。

（3） **周波数応答** つぎに，式 (2.53) における伝達関数 $H(z)$ に $z = e^{j\omega}$ を代入すると，ω の関数

$$H(e^{j\omega}) = \sum_{n=0}^{\infty} h[n]e^{-j\omega n} \tag{2.61}$$

になります。これは，インパルス応答 $h[n]$ の DTFT ですが，特にフィルタの**周波数応答**（frequency response）と呼びます。

フィルタの周波数応答 $H(e^{j\omega})$ は，フィルタが角周波数 ω〔rad〕の離散正弦波入力 $\sin\omega n$ や $\cos\omega n$ に対して，どのように振る舞うのかを表現する関数になります。また，周波数応答 $H(e^{j\omega})$ は複素数なので，極座標を使うと

$$H(e^{j\omega}) = |H(e^{j\omega})|e^{j\arg H(e^{j\omega})} \tag{2.62}$$

のように変形できます。ここで，$|H(e^{j\omega})|$ はフィルタの振幅特性，$\arg H(e^{j\omega})$ は位相特性と呼ばれ，角周波数 ω〔rad〕の正弦波入力の

- 振幅を $|H(e^{j\omega})|$ 倍し
- 位相を $\arg H(e^{j\omega})$ だけシフトした

ものが出力になることを示しています。また，実用上，インパルス応答 $h[n]$ は実数値を取ります。このとき，式 (2.61) より

$$H(e^{-j\omega}) = \overline{H(e^{j\omega})} \tag{2.63}$$

が成り立つので，振幅特性は正負の角周波数で次式のように対称になります。

$$|H(e^{-j\omega})| = |H(e^{j\omega})| \tag{2.64}$$

したがって，振幅に関しては，正の周波数（$0 \leq \omega \leq \pi$）のみ考慮すればよいことがわかります。振幅特性に着目して，以下の四つの種類のフィルタが広く用いられます（**図 2.3**）。

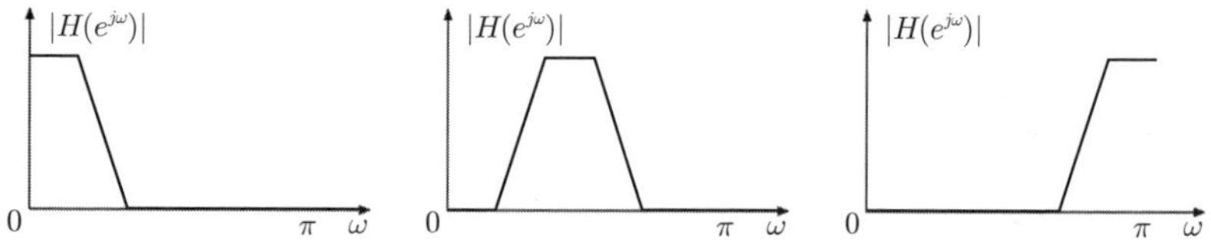

(a)　LPF　　(b)　BPF　　(c)　HPF

図 2.3　振幅特性で特徴づけられる三つのフィルタ

- **低域通過フィルタ**（lowpass filter, **LPF**）：低い周波数の正弦波の振幅は変えず，高い周波数の正弦波の振幅を限りなく 0 にします。
- **高域通過フィルタ**（highpass filter, **HPF**）：高い周波数の正弦波の振幅は変えず，低い周波数の正弦波の振幅を限りなく 0 にします。
- **帯域通過フィルタ**（bandpass filter, **BPF**）：中くらいの周波数の正弦波の振幅は変えず，低い周波数と高い周波数の正弦波の振幅を限りなく 0 にします。
- **帯域遮断フィルタ**（bandstop filter, **BSF**）：帯域通過フィルタの逆で，特定の周波数帯域の振幅を限りなく 0 にします。

帯域通過フィルタの中でも，特定の周波数の成分のみを除去するものを**ノッチフィルタ**（notch filter）と呼び，電源ノイズ（東日本で 50 Hz，西日本で 60 Hz）を除去する際に広く用いられます。

2.2.3　フィルタ設計

フィルタ設計とは，離散線形システムの伝達関数（式 (2.56) または式 (2.57)）が所望の周波数特性を持つように，係数を求める手続きのことです。IIR フィルタであれば式 (2.56) の $\{a[k], b[k]\}$，FIR フィルタであれば式 (2.57) の $\{h[k]\}$ が求めるべきパラメータです。

図 2.4 に，フィルタ設計時に考慮すべき特性を図示しています。これは LPF の例ですが，HPF も BPF も基本の考え方は変わりません。

まず，フィルタを通過しても保持したい周波数の帯域を決めます。これは**通**

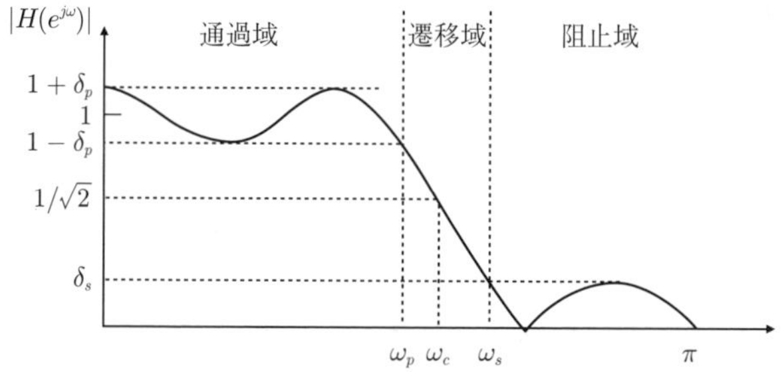

図 2.4 フィルタ設計時に考慮すべき特性

過域（passband）と呼ばれます。通過域では，入力信号の振幅を変化させないこと，つまりできるだけ $|H(e^{j\omega})| = 1$ であることが求められます。つぎに，切り捨てたい周波数の帯域である**阻止域**（stopband）を決めます。阻止域では，できるだけ $|H(e^{j\omega})| = 0$ であることが求められます。通過域と阻止域の間にはある程度「遊び」を設けておく必要があります。それを**遷移域**（transition band）と呼びます。図 2.4 では ω_p〔rad〕が通過域の終端周波数，ω_s〔rad〕が阻止域の終端周波数です。ω_c は振幅を $1/\sqrt{2}$ 倍する周波数であり，これをカットオフ周波数やハーフパワー周波数（電力は 1/2 倍となるため），あるいはコーナー周波数と呼びます。これら三つの呼称はすべて同じ意味です。

理想的には，ローパスフィルタの振幅特性は

$$|H(e^{j\omega})| = \begin{cases} 1, & 0 \le \omega \le \omega_p \\ 0, & \omega_s \le \omega \le \pi \end{cases} \tag{2.65}$$

です。これを理想特性と呼びます。このような理想的なフィルタを求めることは困難です。そこで，設計に際しては，理想特性を緩和した現実的な特性を明示的に設定する場合があります。通過域（$0 \le \omega \le \omega_p$）に関しては

$$1 - \delta_p \le |H(e^{j\omega})| \le 1 + \delta_p \tag{2.66}$$

のように緩和し，この幅を**通過域リプル**（passband ripple）と呼びます。阻止域（$\omega_s \le \omega \le \pi$）に関しては

$$0 < |H(e^{j\omega})| \leq \delta_s \tag{2.67}$$

のように緩和し，この幅を**阻止域リプル**（stopband ripple）と呼びます。

実際には，振幅特性は，対数利得（デシベル〔dB〕）表示

$$G = 20\log_{10}|H(e^{j\omega})| \tag{2.68}$$

をすることが多いので，通過域リプルの下限値を

$$R_p = -20\log_{10}(1-\delta_p) \tag{2.69}$$

により，$-R_p$〔dB〕と表記します。また，阻止域リプルの上限値を

$$R_s = -20\log_{10}\delta_s \tag{2.70}$$

により，$-R_s$〔dB〕と表記します。MATLAB/Octave や Python（Scipy）の関数ではこのような表示をします。なお，カットオフ周波数 ω_c は，$20\log_{10}(1/\sqrt{2}) = -3$ より，-3 dB 減衰する周波数のことです。

本書では，フィルタ設計の細かい手順については言及しません。すでに MATLAB/Octave や Python（Scipy）などの言語にはフィルタ設計の関数が用意されているので，各種フィルタを得るために必要な特性値や，それぞれの特徴（クセ）について触れていきます。

（1） IIR フィルタの設計　　IIR フィルタは，典型的な振幅特性 $|H(e^{j\omega})|$ のプロトタイプを選択するのが一般的です。通常使われるプロトタイプには以下の 4 種類があります。

1. Butterworth 特性
2. 第 1 種 Chebychev 特性
3. 第 2 種 Chebychev 特性
4. 楕円（elliptic）特性

特性とは，周波数に対するフィルタの振幅特性のことです。この四つの特性の例を**図 2.5** に示します。

例えば，Butterworth 特性は

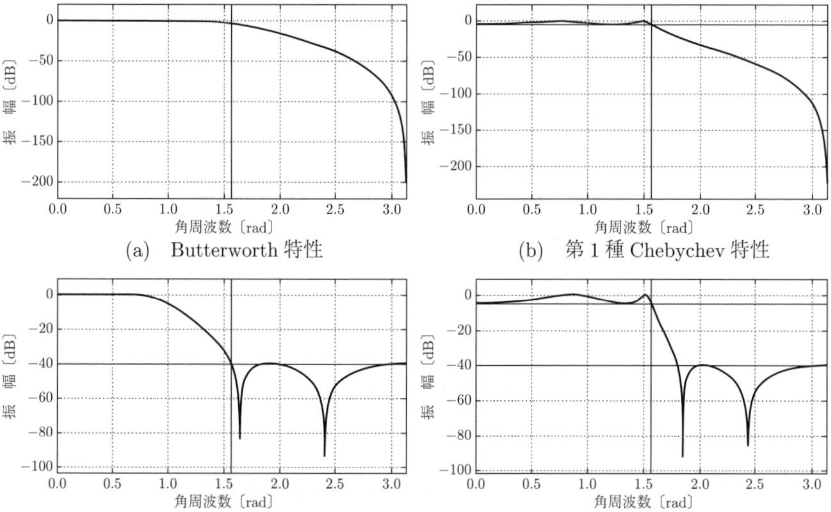

(a)　Butterworth 特性　(b)　第 1 種 Chebychev 特性

(c)　第 2 種 Chebychev 特性　(d)　楕円特性

図 2.5　IIR フィルタの 4 種類のプロトタイプ

$$|H(s)|_{s=j\Omega} = |H(j\Omega)| = \frac{1}{\sqrt{1+\left(\dfrac{j\Omega}{j\Omega_c}\right)^{2N}}} \tag{2.71}$$

で与えられます。$H(s)$ はアナログフィルタの伝達関数であり，Ω〔rad/s〕は，連続信号の角周波数なので，離散信号のためのフィルタを設計するには，これを離散の伝達関数 $H(z)$ に変換する必要があります。本書では深入りしませんが，**双一次変換**（bilinear transformation）

$$s = \frac{2}{T}\frac{1-z^{-1}}{1+z^{-1}} \tag{2.72}$$

が広く使われます。T はサンプリング周期です。また，サンプリングした後の離散周波数（正規化角周波数）ω〔rad〕との対応は，式 (2.72) で $s = j\Omega$，$z = e^{j\omega}$ とおくことで，**プレワープ**（pre-warping）と呼ばれる変換式

$$\Omega = \frac{2}{T}\tan\frac{\omega}{2} \tag{2.73}$$

が得られます。プレワープの特徴は，正規化角周波数 ω の範囲 $(-\pi, \pi)$ と角周波数の範囲 $(-\infty, \infty)$ に一対一の対応が付くことです。

ところで，式 (2.71) を Ω の関数と見ると，パラメータが二つ（Ω_c と N）あることがわかります。式 (2.71) は，図 2.5 に示すように単調減少曲線です。次数 N で減少の急峻さを表し，パラメータ Ω_c で振幅が 1/2 となる周波数を表しています。この周波数は前述したように，まさにカットオフ周波数のことです。したがって，離散周波数でカットオフ周波数 ω_c が決まれば，プレワープの式 (2.73) でパラメータ Ω_c がただちに決まります。

あとは，次数 N を決めれば，伝達関数が決まります。そのためには，Butterworth 曲線が通るべき点を一点決めればよいのです。通常は，阻止域エッジ（遷移域と阻止域の境界）周波数 ω_c の減衰量 $-R_s$〔dB〕で決まる点 $(\omega_c, -R_s)$ を与えて，N を求めます。MATLAB/Python（Scipy）には，`buttord` という関数があり，これにより Ω_c と N を求められます。さらに `butter` 関数を用いることで，伝達関数 $H(z)$ の係数が求まります。

先に挙げたほかの三つの特性（第 1 種 Chebychev 特性，第 2 種 Chebychev 特性，楕円特性）についても，カットオフ周波数 ω_c を決めれば，あとは阻止域エッジ周波数 ω_s とその減衰量 $-R_s$ によって次数 N が決まります。

四つのプロトタイプの特徴を**表 2.1** にまとめました。用途に応じて適切に選択します。

表 2.1　IIR フィルタプロトタイプの比較

プロトタイプ	通過域	阻止域	遷移域幅	次数計算	伝達関数
Butterworth	平坦	単調減少	△	`buttord`	`butter`
第 1 種 Chebychev	振動	単調減少	○	`chev1ord`	`cheby1`
第 2 種 Chebychev	平坦	振動	○	`chev2ord`	`cheby2`
楕円	振動	振動	◎	`ellipord`	`ellip`

(2)　**FIR フィルタの設計**　　FIR フィルタの伝達関数は，式 (2.57) で与えられます。問題は，所望の特性を持つように，パラメータであるインパルス応答 $h[n]$ を決めることです。

FIR フィルタの設計法は複数ありますが，ここでは広く用いられる**窓関数法**（window method）の考え方を述べます。その概要は**図 2.6** に示します。以下ではその詳細を見ていきましょう。

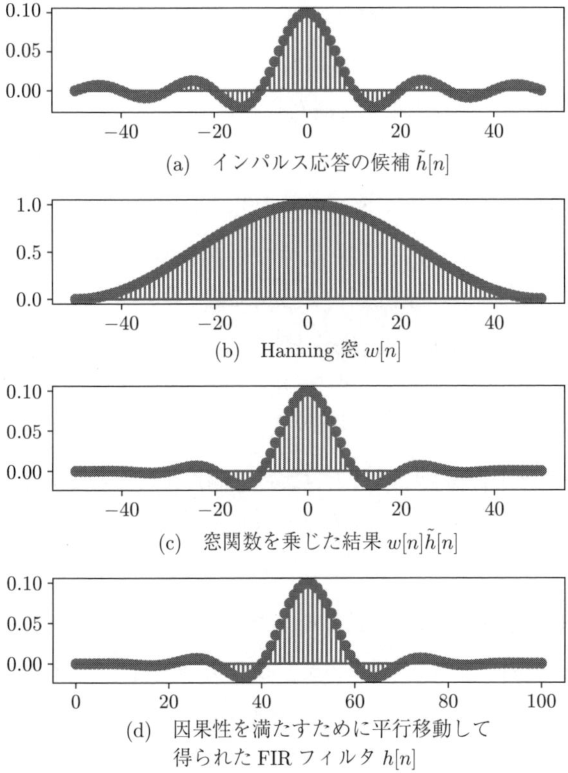

(a) インパルス応答の候補 $\tilde{h}[n]$

(b) Hanning 窓 $w[n]$

(c) 窓関数を乗じた結果 $w[n]\tilde{h}[n]$

(d) 因果性を満たすために平行移動して得られた FIR フィルタ $h[n]$

図 2.6 FIR 設計の手順（$\omega = \pi/10$, $M = 50$ の例）

まず，離散時間フーリエ変換の式 (2.58) を導いたように，式 (2.57) で $z = e^{j\omega}$ とします。そうすると，フィルタの周波数特性

$$H(e^{j\omega}) = \sum_{n=0}^{\infty} h[n]e^{-j\omega} \tag{2.74}$$

が得られます。所望の特性は角周波数 ω，に対する応答で与えられますから，これは式 (2.74) において左辺 $H(e^{j\omega})$ を与えることに相当します。左辺 $H(e^{j\omega})$ が決まれば，逆変換の式 (2.60) から導かれる式

$$\tilde{h}[n] = \frac{1}{2\pi}\int_{-\pi}^{\pi} H(e^{j\omega})e^{j\omega n}d\omega \tag{2.75}$$

により，インパルス応答の候補 $\tilde{h}[n]$ が得られます。ここで,「候補」といったのは,

以下に示す困った問題が現れるためです。まず，$\tilde{h}[n]$ の n は $n=-\infty,\cdots,\infty$ の整数なので，インパルス応答が有限個とは限りません。また，$\tilde{h}[n]$ は，$n<0$ で $\tilde{h}[n]=0$ であるという因果律を満たしません。

そこで，有限の長さを持ち，$n=0$ で線対称な形状を持つ**窓関数**（window function）と呼ばれる関数 $w[n]$ を定義します。この窓関数は，$n=-M,\cdots,M$ より外側で $w[n]=0$ です。これを $\tilde{h}[n]$ に乗じることで，$w[n]\tilde{h}[n]$ は $n=-M,\cdots,M$ の範囲のみで値を持つようにできます。

因果律に関しては，この $w[n]\tilde{h}[n]$ を

$$h[n]=w[n+M]\tilde{h}[n+M] \tag{2.76}$$

のように M だけ平行移動することによって満たすことができます。このように設計した FIR フィルタの $h[n]$ をインパルス応答として採用すればいいわけです。

最後に，窓関数がどのような役割を果たすのか，簡単に考察します。**図 2.7** に，窓関数を適切に選ぶことによって，よりよい振幅特性が得られる様子を示します。図 2.7 の二つの曲線は，インパルス応答の候補 $\tilde{h}[n]$ に乗算する窓関

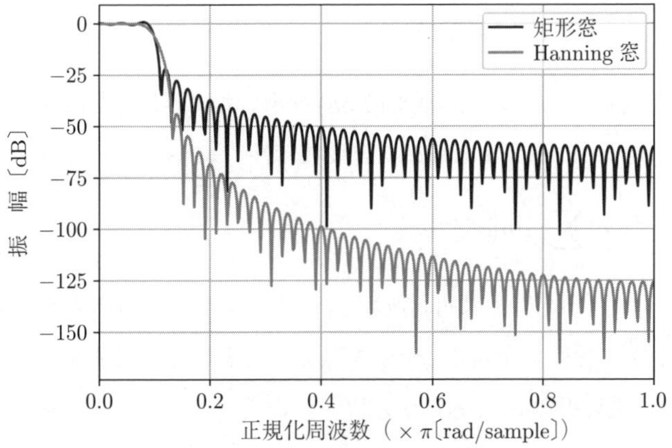

図 2.7　矩形窓と Hanning 窓で得られたフィルタの振幅特性。窓関数によって遮断特性が改善する様子がわかる

数 $w[n]$ が，矩形窓と Hanning 窓の場合に，ぞれぞれ得られたインパルス応答 $h[n]$ の振幅特性を示しています。矩形窓とは，$n = -M, \cdots, M$ ですべて一定値 $w[n] = 1$ を取る窓関数です。図からわかるように，Hanning 窓のような滑らかな窓関数を採用することで，阻止域における遮断特性が大幅に改善されている様子がわかります。

（3） 位 相 遅 れ IIR であれ，FIR であれ，フィルタを適用すると，入力信号に対して，出力信号が遅れて出現します。これを**位相遅れ**（phase delay）と呼びます。

フィルタの出力がどれだけ遅れるかは，式 (2.62) に示した周波数応答の極座標表現からわかります。位相成分である $\arg H(e^{j\omega})$ が位相の遅れを示しています。実時間で出力を得るのであれば，この位相遅れは小さいほうが好ましいです。フィルタの次数を高くすると，システムの遅延器の数が多くなります。したがって，出力を得るためには，より以前（過去）の信号サンプルが必要になり，結果として出力が遅れることになります。しかし一方で，急峻なカットオフ特性を持つフィルタを構成するには，フィルタの次数を上げる必要があります。

また，式 (2.62) からわかるとおり，位相成分は周波数 ω の関数なので，位相遅れは信号に含まれる各周波数成分によって違ってくる，という特徴があります。つまり，フィルタに入力する信号と，出力される信号の形状は，一般的に異なるということです†。これを避けるためには，二つの方法があります。

一つはフィルタに**直線位相特性**（linear phase）を持たせる方法，もう一つは，**零位相フィルタ処理**（forward-backward filtering）を適用する方法です。直線位相とは，a，b を定数として，位相成分が

$$\arg H(e^{j\omega}) = a\omega + b \tag{2.77}$$

のように表現できる特性のことです。これによって，すべての周波数成分が同じ時間だけ遅延し，信号の形状が保持されます。注意すべきは，FIR フィルタ

† 異なる周波数を持つ二つの正弦波の和で構成される信号を考えます。フィルタによる位相の遅れが，それぞれの正弦波で異なると，入出力で信号の形状が異なることが理解できるでしょう。

のみ，直線位相特性を実現できます。直線位相特性を持つ FIR フィルタは，線対称または点対称なインパルス応答を持つ項が知られています。

もう一つの零位相フィルタ処理は，いかなるフィルタに対しても位相を変えない処理です。信号 $x[n]$ を任意のフィルタに入力した出力を $y[n]$ とします。この出力のインデックスを反転させた信号 $y[-n]$ を同一のフィルタに再度入力します。このように得られた信号 $\hat{x}[n]$ の位相成分は，入力信号 $x[n]$ と同じです。位相を遅らせて，その遅延と同じだけ進める，といったイメージです。この処理は，どのようなフィルタにも適用できますが，一度信号をメモリに格納した場合にのみ適用できます。したがって，リアルタイム処理には使えません。MATLAB や Python（Scipy）では，`filtfilt` という名前の関数で提供されています。

2.2.4 フィルタ利用上の注意

阻止域の減衰量は，−60〜−50 dB 程度を設定するのが通常です。IIR フィルタには，BCI の用途であれば，Butterworth 特性が広く用いられますが，次数 N が大きくなると，計算的に不安定となります。フィルタを設計する際には，必ず振幅特性を確認する必要があります。また，FIR フィルタは，IIR のプロトタイプを決定するときのように，通過域と阻止域の利得を直接指定することができません。したがって，所望の特性が得られているか，振幅特性を確認しながら設計しなくてはなりません。振幅特性と位相特性を確認するには，MATLAB であれば `freqz` 関数が便利です。

2.3 周波数解析

BCI における周波数成分の処理では，前述したフィルタに加えて，離散フーリエ変換やウェーブレット変換，経験的モード分解による解析がよく用いられます。ここでは，これらの手法を用いた周波数解析，および周波数成分の時間的な変化を解析する時間周波数解析について紹介します。

2.3.1 離散フーリエ変換

離散フーリエ変換（discrete Fourier transform, **DFT**）は，信号長 N の離散信号 $x[0], x[1], \cdots, x[N-1]$ を

$$X[m] = \frac{1}{\sqrt{N}} \sum_{n=0}^{N-1} x[n] \exp\left(-j\frac{2\pi mn}{N}\right), \quad m = 0, 1, \cdots, N-1 \quad (2.78)$$

と変換する方法です。この変換のことを，時間領域から周波数領域への変換と呼びます。また，これの逆変換は**逆フーリエ変換**（inverse DFT, **IDFT**）と呼ばれ

$$x[n] = \frac{1}{\sqrt{N}} \sum_{m=0}^{N-1} X[m] \exp\left(j\frac{2\pi mn}{N}\right), \quad n = 0, 1 \cdots, N-1 \quad (2.79)$$

と定義されます。実際に信号に DFT 変換を行うとき，上記の式を実装することはほとんどないでしょう。MATLAB では標準で `fft` という関数が実装されています。また，Python では Numpy/Scipy に同じ名前の関数が実装されています。ここで，`fft` は**高速フーリエ変換**（fast Fourier transform, **FFT**）のことです。FFT は DFT の計算を効率化することで高速化を実現しました。DFT では N^2 回の乗算が必要ですが，FFT では $N \log_2 N$ 回にまで減ります。この乗算回数は直観的にはわかりづらいですが，N が大きい場合，FFT のほうが直接 DFT を計算するより数万倍速くなります。

$X[m]$ はインデックス m が表す周波数における振幅と位相を表しています。サンプリング周波数を F_s とすると，m に対応する周波数は

$$f[m] = m\frac{F_s}{N} \text{〔Hz〕} \quad (2.80)$$

で求めることができます。式を見ると $X[m]$ は**複素数**（complex number）で表されることがわかります。これを $X[m] = a + ib$ としましょう。a を実部，ib を虚部と呼びます。信号の振幅成分は

$$|X[m]| = \sqrt{a^2 + b^2} \quad (2.81)$$

のことを指します。パワーは振幅を 2 乗して

$$|X[m]|^2 = a^2 + b^2 \tag{2.82}$$

で求められます。また

$$\angle X[m] = \tan^{-1}\frac{b}{a} \tag{2.83}$$

のことを位相と呼びます。周波数に従ってこれらの値を並べたものをそれぞれ，振幅スペクトル，パワースペクトル，位相スペクトルと呼びます。単位はそれぞれ，V（volts，ボルト），V^2（ボルト2乗），rad（radian，ラジアン）です。

ここで，人工的に作った信号を用いて，それぞれの意味を見ていきます。**図2.8**(a)に解析に用いる人工信号（$x[n] = x_1[n] + x_2[n]$）を示します。合成する前のx_1は1s間に12回ピークに達していることからもわかるように12Hzの正弦波です。x_2は5Hzの正弦波です。x_1は時間0sにおいて値0を取ります。したがって，x_1は，時間0sで正のピークに達し，その後0になる信号と比較すると，1/4周期分ずれています。具体的にこのずれは，$1/(4 \times 5) \fallingdotseq 0.02$sです。図2.8(b)がこの離散フーリエ変換の値と振幅スペクトル，位相スペクトルです。振幅$|X|$において5Hzと12Hzにピークを持つことから，この信号に5Hzと12Hzの信号成分が含まれていることがわかります。一方で，位相$\angle X$は12Hzで$\pi/2$の値を持っていることがわかります。この$\pi/2$は角速度のことで単位はrad/sです。角速度の$\pi/2$は1/4周期に対応しているため，$\angle X$に

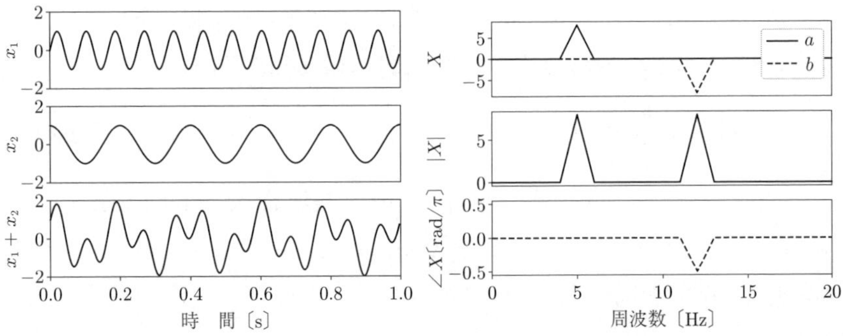

(a)　解析信号　　　(b)　離散フーリエ変換。x軸は0〜20 Hzの範囲を切り出して表示しています

図2.8　離散フーリエ変換

よって x_1 の位相を求めることができました。

先に述べたように，離散フーリエ変換を直接実装することはほとんどないと思いますが，ライブラリに付属する関数を使う際は，正規化に注意する必要があります。正規化とは式 (2.78) の右辺の最初にある $1/\sqrt{N}$ のことです。関数の仕様によっては，この正規化がなかったり，$1/N$ のものがあります。そのため，正規化方法が異なると離散フーリエ変換後に振幅を求めると値が N 倍や $1/N$ 倍に変化します。例えば，Numpy/Scipy の `fft` では，`norm` という引数によって正規化方法を変えることができます。このような理由から，振幅スペクトルの単位がボルト〔V〕であっても，正規化によって値の桁が違うこともあり得ます。実際に解析する場合，振幅の値自体はあまり意味を持っておらず，「その振幅がある基準と比べてどのくらい大きいか」が大事です。そのため，振幅スペクトルではなく，何らかの基準で正規化を行った正規化振幅スペクトルを表示する場合もあります。

離散フーリエ変換の周波数解像度（どれだけ細かい周波数に分けられるか，つまり，$f[m+1]-f[m]$ のこと）は，式 (2.80) のとおり，サンプリング周波数と信号長によって決まります。解析したい周波数が $f[m]$ のどれにも対応していない場合，このままでは，その周波数の振幅を正しく計測することはできません。そこで，**ゼロパディング**（zero padding）を使います。これは，単純に，信号の前か後ろに 0 を加算して信号長を調整することで，$f[m]$ に所望の周波数が対応するようにするテクニックです。

図 2.9 (a) は，20 Hz と 42.5 Hz の正弦波を足し合わせた信号をサンプリング周波数 1 000 Hz でサンプリングし，振幅スペクトルを求めたものです。20 Hz は対応する周波数が離散フーリエ変換に含まれるため（$20 = 20 \times 1\,000/1\,000$ となるので $m = 20$），その振幅は正しく推定できています。しかし，42.5 Hz は対応する周波数が離散フーリエ変換のインデックスに含まれていないため，本来の振幅より低く推定されています。この信号に対して，1 s 分の 0 を加えて信号長を 2 倍にして，振幅スペクトルを求めたものが図 2.9 (b) です。この場合，42.5 Hz に対しても離散フーリエ変換のインデックスが対応しています

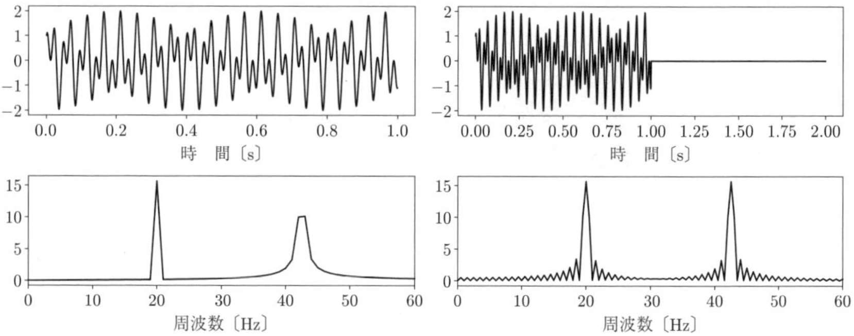

(a)　通常の信号と振幅スペクトル　　(b)　ゼロパディング後の信号と振幅スペクトル

図 2.9　ゼロパディングを使った離散フーリエ変換

$(42.5 = 85 \times 1\,000/2\,000$ となるので $m = 85)$。このため，振幅が正しく推定できています。実際の脳波解析では，ある特定の周波数を持つ成分を推定することは，第 7 章で述べる SSVEP を除くとほとんどなく，ゼロパディングを使う機会はあまりないでしょう。しかし，信号長が異なる信号の周波数解像度をそろえて特徴抽出を行いたい場合などではゼロパディングが有効です。

2.3.2　短時間フーリエ変換

離散フーリエ変換による周波数解析は周波数領域に現れる特徴を抽出するのに有効ですが，「周波数成分の時間的変化」を失ってしまいます。実際，記録した信号の最初から最後までにフーリエ変換を適用することはまれです。信号を数 s，数 ms の適当な長さに区切って，その有限長の信号に対してフーリエ変換を適用します。そうすると，時々刻々と変化する周波数スペクトルが得られることになります。このように，時間的な周波数成分の変化を求める解析手法を**時間周波数解析**（time-frequency analysis）と呼びます。また，信号を区切る際に窓関数と呼ばれる滑らかな関数を導入することで，時間変化するスペクトルを効率よく求めることができます。このように，窓関数を導入したフーリエ変換を**短時間フーリエ変換**（short-time Fourier transform，**STFT**）または，**窓フーリエ変換**（windowed Fourier transform）と呼びます。本書では，短時間フーリエ変換の呼称を採用します。

短時間フーリエ変換は，信号をある特定の時間で切り取る窓を用意し，その中で離散フーリエ変換を行います。時間窓の中心を時間方向にずらしながらこれを繰り返すことで，周波数成分の時間変化を観測します。時間 0 を中心に $\pm T$〔s〕の信号（サンプリング周波数 f_s）を切り取る時間窓を $w[n]$ で表現します。例えば，**矩形窓**（rectangular window）であれば

$$w[n] = \begin{cases} 1, & -T \leq \dfrac{n}{F_s} \leq T \\ 0, & \text{それ以外} \end{cases} \tag{2.84}$$

と書くことができ，これは**図 2.10** 上段のような形です。矩形窓では窓の両端で信号が急に打ち切られるため，不連続性が生じます。この不連続は，信号に本来含まれない高周波成分が変換結果に現れる原因となります。このような影響を少なくするために，窓の両端で次第に値が 0 に近くなる窓を使う必要があります。このような窓の一例が，図 2.10 の中段と下段に示す**ハミング窓**（Hamming window）と**テューキー窓**（Tukey window）です。

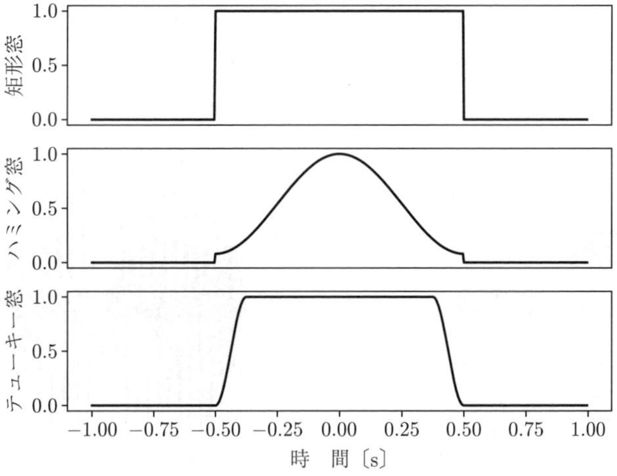

図 2.10　さまざまな窓関数

窓の中心を $t[0], t[1], \cdots$〔s〕とずらしながら信号を切り取り，それを離散フーリエ変換すると，$t[l]$〔s〕における周波数 $f[m]$ の成分が求まります。これを式で表すと

$$X[m,l] = \frac{1}{\sqrt{N}} \sum_{n=\lfloor -T/F_s \rfloor}^{\lceil T/F_s \rceil} w[n] x \left[\lfloor t[l]/F_s \rfloor + n \right] \exp\left(-j \frac{2\pi mn}{N} \right) \tag{2.85}$$

と書けます。

時間，周波数，振幅を3次元のグラフにプロットしたものを**スペクトログラム**（spectrogram）と呼びます。ここで，**図 2.11** に示す信号のスペクトログラムを**図 2.12** に示します。図 2.11 (b) は，図 2.11 (a) の信号を加算して作ったものです。信号は 256 Hz でサンプリングされています。合成する前の信号は，さまざまな周波数（3，3.5，10，20，40 Hz）の正弦波が特定の時間でのみ存在しています。これを短時間フーリエ変換し，縦軸を周波数，横軸を時間として，振幅の大きさを濃淡で表したものが図 2.12 です。このとき，窓を1サンプル分，つまり 1/256 s ずつずらしました。また，左は窓の長さを 1 s としたときのもの，右は 2 s としたときのものです。窓の長さを 2 s にすると，周波数解像度が上がり，3 Hz と 3.5 Hz の成分の分離がよくわかります。一方で，窓の長さを 1 s としたほうが，時間解像度が上がり，どの時間で信号が存在したかをより正

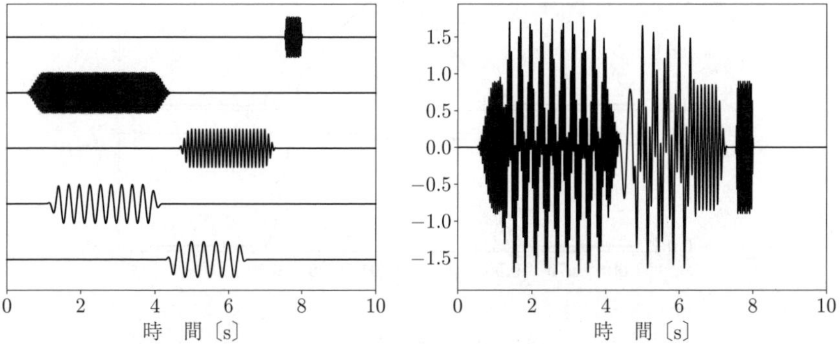

(a)　合成前　　　(b)　合成後

図 2.11　時間的に変化するさまざまな周波数成分を持つ信号

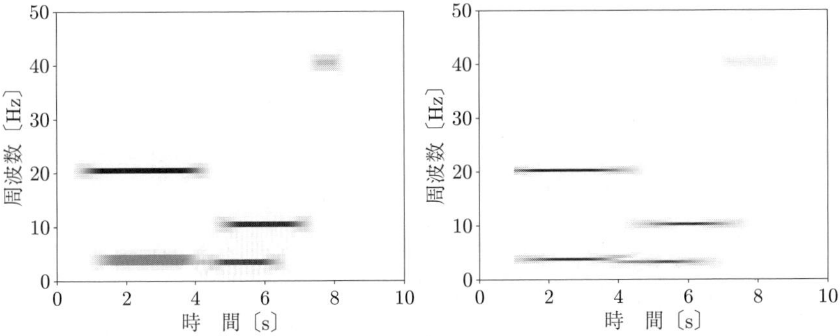

(a)　窓関数の長さ 1 s　　(b)　窓関数の長さ 2 s

図 2.12　短時間フーリエ変換によって求めたスペクトログラム

確に観察することができます。短時間フーリエ変換において，周波数解像度と時間解像度はトレードオフの関係になっています。そのため，抽出したい対象によって適切に窓の長さを設定する必要があります。

2.3.3　ウェーブレット変換

ウェーブレット変換は，非定常な信号の解析に広く使われるツールです。短時間フーリエ変換の窓関数は長さが固定されているので，低い周波数の信号は窓関数の範囲内に 1 周期が収まりません。これに対して，ウェーブレット変換は周波数に対して窓の長さを変えることで，精度のよい時間周波数解析を実現しています。

具体的には，ある核となる関数

$$\psi_{u,s}(t) = \frac{1}{\sqrt{s}}\psi\left(\frac{t-u}{s}\right)$$

を用いて，信号 $f(t)$ を

$$W(u,s) = \int_{-\infty}^{\infty} f(t)\overline{\psi_{u,s}(t)}dt \tag{2.86}$$

により，(u,s) の領域に移す変換を，連続ウェーブレット変換と呼びます。ここで，$\psi(t)$ は

$$\int_{-\infty}^{\infty} \psi(t)dt = 0$$

を満たす関数で，マザーウェーブレットと呼ばれ，u と s はそれぞれシフト，スケーリングと呼ばれます。マザーウェーブレットに適切な関数を選ぶことによって，信号の不連続点を効率よく検出できます。

マザーウェーブレットの設計は解析者に任されていますが，神経科学の分野ではガウス窓関数 $g(t)$ に複素正弦波 $e^{i\nu t}$ を乗じた複素関数

$$\psi(t) = g(t)e^{i\nu t} \tag{2.87}$$

が広く使われます。これは Gabor ウェーブレット（または，Morlet ウェーブレット）と呼ばれます。ここで

$$g(t) = \frac{1}{(\sigma^2\pi)^{1/4}} e^{-\frac{t^2}{2\sigma^2}} \tag{2.88}$$

です。

連続ウェーブレット変換による時間周波数解析は**スカログラム**（scalogram）によって可視化できます。スカログラムは，縦軸を周波数，横軸を時間として，$W(u, s)$ の絶対値を輝度や色で表現したものです。一般的に，スカログラムの周波数軸は対数表示が一般的に使われます。**図 2.13** は，図 2.11 (b) のスカログラム（Morlet ウェーブレット）です。色が濃い部分が，振幅が大きい周波数・

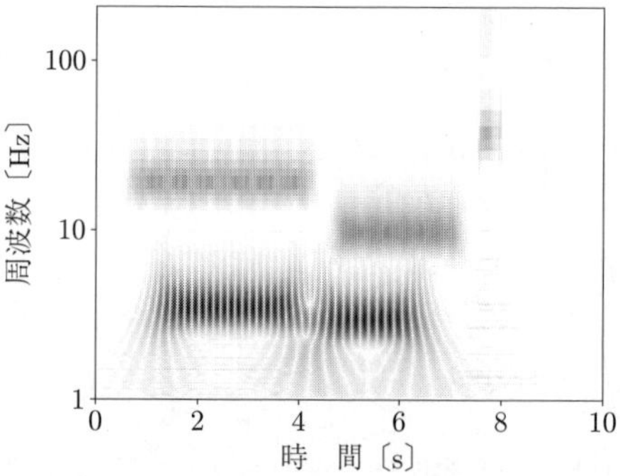

図 2.13　連続ウェーブレット変換によって求めたスカログラム

時間です。短時間フーリエ変換と比べると，低周波数成分に対しては周波数解像度が高くなり，高周波数成分に対しては時間解像度が高くなります。

2.3.4 経験的モード分解

経験的モード分解（empirical mode decomposition, **EMD**）とは，データ駆動型な信号解析の方法であり，フーリエ変換のように「正弦波的な」信号に分解する手法です。基本的には単チャネルの信号を分解する方法ですが，後に述べるように最近では多チャネルへの拡張が多数試みられています。

「正弦波的な」信号とは，0 を中心に振幅や周波数が変化しながら振動する信号のことであり，通信工学的にいうと，振幅・周波数変調（AM-FM）の構造を持った信号といえます。EMD による分解は，フーリエ変換のように特定の基底関数を用いるのではなく，あくまでもデータ駆動型です。この AM-FM 構造を持った信号は**固有モード関数** (intrinsic mode function, **IMF**) と呼ばれ，上下包絡線の和が 0 であり，0 中心に振動する信号として定義されます。このような信号を考える理由は何でしょうか。まず，脳波に現れる α 波などの自発成分は，確かに 10 Hz 程度で振動するものですが，ファンクション・ジェネレータの出力のようなきれいな正弦波ではありません。振幅は時々刻々変化するうえ，周波数も 10 Hz になったり 12 Hz になったりで連続的に変動します。この IMF は，自然界に存在する「正弦波的な」信号を自然な形で表現しているといえます。

本項では，1 変量の信号に対する EMD から出発して，これが多変量に拡張される様子を眺めます。

（1） 1 変量信号に対する経験的モード分解　EMD は，信号 $x[n]$ を IMF の和で表現します。

$$x[n] = \sum_{i=1}^{N} c_i[n] + r[n] \tag{2.89}$$

ここで，$c_i[n]$ は抽出された IMF，$r[n]$ は残差信号です。この IMF $c_i[n]$ は，$i = 1$ から順に，**ふるい分け**（sifting）と呼ばれる処理により得られます。**図**

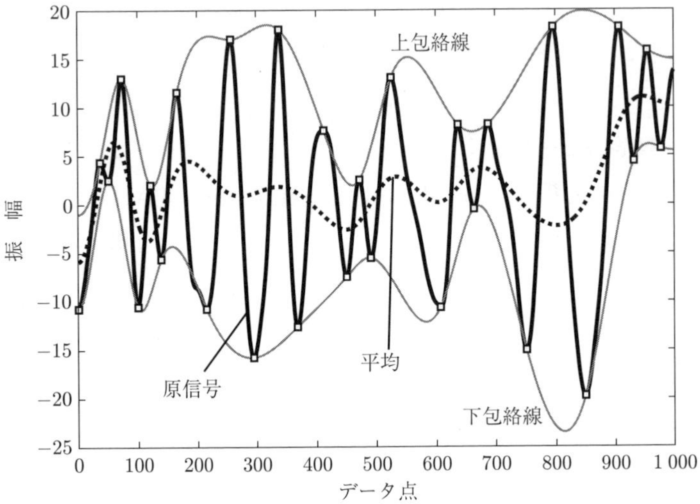

図 **2.14**　ふるい分けの様子。原信号に対する上包絡線，下包絡線と平均信号

2.14 は，ふるい分けの手順を示したものです。まず，信号の上包絡線と下包絡線を何らかの方法で求めます。広く用いられている方法は，極大値と極小値を検出したうえで，極値どうしを 3 次スプライン等を用いて補間して包絡線を求めます。つぎに，上包絡線と下包絡線の平均信号 $m[n]$ を求めます。この平均信号を $x[n]$ より減算します。同様の操作を $x[n]-m[n]$ に対して適用すると，つぎに得られる平均信号は，より 0 に近づくはずです。この操作を，平均信号が 0 になるまで繰り返すと，先に述べた IMF になります。これを第 1 IMF$c_1[n]$ とします。

$c_2[n]$ に関しては，同様に $x[n]-c_1[n]$ に対してふるい分けを適用することで得られます。以上のアルゴリズムをまとめたものが以下です。

1. k 回目のふるい分け。
   (a) 信号のすべての極値を抽出します。
   (b) すべての極大値を補間し，上包絡線 $e_{\max}[n]$ を得ます。同様に，すべての極小値を補間し，下包絡線 $e_{\min}[n]$ を得ます。

(c) 包絡線の平均値 $m[n]$ を求めます。

$$m[n] = \frac{e_{\min}[n] + e_{\max}[n]}{2} \tag{2.90}$$

(d) 平均値を原信号から減算します。

$$s[n] = x[n] - m[n] \tag{2.91}$$

(e) $s[n]$ が IMF の条件を満たしていなければ，$s[n]$ に対して 1. の (a) から (d) のふるい分けを行います。これを，IMF が得られるまで繰り返します。

2. 得られた $s[n]$ を第 k IMF とします ($d_k[n] = s[n]$)。$x[n] \leftarrow x[n] - d_k[n]$ とし，$x[n]$ が 0 またはトレンドになった場合は，IMF の抽出を終了します。そうでなければ，$k \leftarrow k+1$ とし，1. の (a) からのふるい分けを適用します。

(2) 2 変量信号に対する経験的モード分解　**2 変量 EMD**（bivariate EMD, **BEMD**）は Altaf ら (筆者の田中を含む)[26] が提案した**回転不変 EMD**（rotation-invariant EMD）を Rilling ら[27] が一般化したものです。ここでは，Rilling らの方法について述べます。EMD を 2 変量に拡張するにあたって，ふるい分けを改めて定義しました。EMD のふるい分けは，信号の上包絡線と下包絡線を求め，その平均信号を差し引く処理でした。これを 2 変量に拡張するにあたり，2 変量（チャネル）信号を 1 変量の複素信号と見なすと，信号を「包み込むチューブ」は包絡線の自然な拡張となっています。そしてそのチューブの重心信号を複素信号から減算する処理をふるい分けとします。

具体的には，二つの信号から，$x[n] = x_1[n] + jx_2[n]$ を定義します。離散化した角度 $0 \leq \varphi_k \leq \pi$ で，$x[n]$ の位相を回転させます。

$$p_k[n] = e^{j\varphi_k} x[n] \tag{2.92}$$

これを実数軸に射影した信号 $\mathrm{Re}[p_k[n]]$ に対して，包絡線 $e_k[n]$ を求めます。そのうえで，位相を「戻した」包絡線 $\tilde{e}_k[n] = e^{-j\varphi_k} e_k[n]$ を用いて，「重心」信号

$$m[n] = \frac{1}{K}\sum_{k=1}^{K}\tilde{e}_k[n] \tag{2.93}$$

を定義します。ふるい分け

$$h_1[n] = x[n] - m[n] \tag{2.94}$$

の繰り返しで，2 変量 IMF を得ます。これをまとめると，BEMD のアルゴリズムは以下のようになります。

1. 以下の作業を $1 \leq k \leq M$ に対して行います。
   (a) 信号 $x[n]$ を φ_k 方向に投影します。

$$p_{\varphi_k} = Re[e^{-i\varphi_k}x[n]] \tag{2.95}$$

   ここで，$Re[\cdot]$ は実部を取り出す演算子です。
   (b) 方向 φ_k に対してふるい分けを行います。

$$s_{\varphi_k}[n] = e^{i\varphi_k}\mathcal{S}[p_{\varphi_k}][n] \tag{2.96}$$

   を求めます。ここで，$\mathcal{S}$ は 1 変量 EMD におけるふるい分け作用素です。

$$d[n] = \frac{1}{M}\sum_{k=1}^{M}s_{\varphi_k}[n] \tag{2.97}$$

2. ふるい分けが収束したら，原信号 $x[n] - d[n]$ に対して 1. の (a) からの行程を行い，つぎの IMF を取り出します。

2 変量 EMD は，任意の数の多変量に拡張することができます。拡張の方法によって異なるアルゴリズムが提案されていますが，**多変量 EMD**（multivariate EMD, **MEMD**）[28) や 2T-EMD[29) は広く用いられている方法です。

2.4 多変量解析

多変量解析とは，複数の変数からなるデータを処理する方法です。BCI においては，複数のチャネルからなる時系列信号を扱うことができる多変量解析は，非常に有効なデータ解析・処理方法です。多変量解析の代表的なものは，複数の変数からある値を予測する重回帰分析，データの次元削減などによく用いられる主成分分析です。これに加えて，BCI でよく使われる正準相関分析と独立成分分析について述べます。

2.4.1 主 成 分 分 析

主成分分析（principal component analysis, **PCA**）は D 個の変数からなるデータを，そのデータを要約する主成分に変換する方法です。データを $\boldsymbol{x} = [x_1, x_2, \cdots, x_D]^T$ とすると，第 1 主成分への変換は

$$y_1 = \boldsymbol{w}_1^T \boldsymbol{x} \tag{2.98}$$

です。ここで y_1 と $\boldsymbol{w}_1$ のインデックス 1 は第 1 主成分であることを表します。重みベクトル $\boldsymbol{w}$ は，N 個の観測されたサンプル $\{\boldsymbol{x}_1, \boldsymbol{x}_2, \cdots, \boldsymbol{x}_N\}$ の変換である $\{y_{11}, y_{12}, \cdots, y_{1N}\}$ の分散が最大となるように求めます。また，第 2 主成分に対する重みベクトル $\boldsymbol{w}_2$ は，その変換である $\{y_{21}, y_{22}, \cdots, y_{2N}\}$ の分散が最大，かつ，$\{y_{11}, y_{12}, \cdots, y_{1N}\}$ と無相関という条件の下で求めます。第 2 主成分以降の主成分に対する重みベクトルも同様に，分散を最大，かつ，他の主成分と無相関になるように求めます。

このような重みベクトルを求めるときは，固有値分解を用いることができます。まず，サンプルの分散共分散行列

$$\boldsymbol{V} = \frac{1}{N-1} \sum_{i=1}^{N} (\boldsymbol{x}_i - \bar{\boldsymbol{x}})(\boldsymbol{x}_i - \bar{\boldsymbol{x}})^T \tag{2.99}$$

を求めます。ここで，$\bar{\boldsymbol{x}}$ はサンプルの平均 $\displaystyle\sum_{i=1}^{N} \boldsymbol{x}_i$ です。固有値問題

$$\boldsymbol{V}\boldsymbol{w} = \lambda \boldsymbol{w} \tag{2.100}$$

を解くと，固有値 $\lambda_1 \geq \cdots \geq \lambda_n \geq \cdots \geq \lambda_N \geq 0$ と，それに対応する固有ベ

クトル $\{\boldsymbol{w}_i\}_{i=1}^{D}$ が得られます。これが，第 1 から第 D 主成分に対応する重みベクトルです。

2.4.2 正準相関分析

主成分分析は，D 個の変数の持つ情報を，より少数の変数によって表す方法です。これに対して，2 組の変数，$\boldsymbol{x} = [x_1, x_2, \cdots, x_{D_x}]^T$ と $\boldsymbol{y} = [y_1, y_2, \cdots, y_{D_y}]^T$ の間の相関についての情報を，少数の変数によって表す方法を考えていきます。

正準相関分析を行う前に，それぞれの変数の平均を 0 に正規化します。つまり，サンプルが $\boldsymbol{x}_1, \boldsymbol{x}_2, \cdots, \boldsymbol{x}_N$ および $\boldsymbol{y}_1, \boldsymbol{y}_2, \cdots, \boldsymbol{y}_N$ と得られた場合

$$\sum_{i=1}^{N} \boldsymbol{x}_i = \boldsymbol{0} \tag{2.101}$$

$$\sum_{i=1}^{N} \boldsymbol{y}_i = \boldsymbol{0} \tag{2.102}$$

となるようにします。それぞれの組における重み付き線形和を

$$u = [\boldsymbol{w}_x]_1 x_1 + [\boldsymbol{w}_x]_2 x_2 + \cdots + [\boldsymbol{w}_x]_{D_x} x_{D_x} = \boldsymbol{w}_x^T \boldsymbol{x} \tag{2.103}$$

$$v = [\boldsymbol{w}_y]_1 y_1 + [\boldsymbol{w}_y]_2 y_2 + \cdots + [\boldsymbol{w}_y]_{D_y} y_{D_y} = \boldsymbol{w}_y^T \boldsymbol{y} \tag{2.104}$$

と定義し，これを**正準変量**（canonical variables）と呼びます。重みベクトルである $\boldsymbol{w}_x$ と $\boldsymbol{w}_y$ は，u と v の相関 r が最大となるように求めます。この相関 r を**正準相関係数**（canonical correlation）と呼びます。最大化問題として定式化すると

$$\max_{\boldsymbol{w}_x, \boldsymbol{w}_y} \quad r = \frac{1}{N} \sum_{i=1}^{N} u_i v_i \tag{2.105}$$

$$\text{subject to} \quad \frac{1}{N} \sum_{i=1}^{N} u_i = 1 \tag{2.106}$$

$$\frac{1}{N} \sum_{i=1}^{N} v_i = 1 \tag{2.107}$$

と書けます。ここで，u_i および v_i は，i 番目のサンプルにおける正準変量です。また，それぞれの変数において平均を 0 に正規化しているため，$\sum_{i=1}^{N} u_i = 1$ と $\sum_{i=1}^{N} v_i = 1$ が成り立ちます。重みベクトル $\boldsymbol{w}_x$ と $\boldsymbol{w}_y$ はつぎのように求めます。正準相関係数は

$$\begin{aligned} r &= \frac{1}{N}\sum_{i=1}^{N} u_i v_i = \frac{1}{N}\sum_{i=1}^{N} \boldsymbol{w}_x^T \boldsymbol{x}_i \boldsymbol{w}_y^T \boldsymbol{y}_i \\ &= \boldsymbol{w}_x^T \left(\frac{1}{N}\sum_{i=1}^{N} \boldsymbol{x}_i \boldsymbol{y}_i^T \right) \boldsymbol{w}_y = \boldsymbol{w}_x^T \boldsymbol{R}_{xy} \boldsymbol{w}_y \end{aligned} \tag{2.108}$$

と書けます。ここで，$\boldsymbol{R}_{xy} = \frac{1}{N}\sum_{i=1}^{N} \boldsymbol{x}_i \boldsymbol{y}_i^T$ は分散共分散行列です。また，制約条件もそれぞれ

$$\frac{1}{N}\sum_{i=1}^{N} u_i = \boldsymbol{w}_x^T \boldsymbol{R}_{xx} \boldsymbol{w}_x = 1 \tag{2.109}$$

$$\frac{1}{N}\sum_{i=1}^{N} u_i = \boldsymbol{w}_y^T \boldsymbol{R}_{yy} \boldsymbol{w}_y = 1 \tag{2.110}$$

と書けます。ここで，$\boldsymbol{R}_{xx} = \frac{1}{N}\sum_{i=1}^{N} \boldsymbol{x}_i \boldsymbol{x}_i^T$ と $\boldsymbol{R}_{yy} = \frac{1}{N}\sum_{i=1}^{N} \boldsymbol{y}_i \boldsymbol{y}_i^T$ です。また，ここで

$$\boldsymbol{w} = \begin{bmatrix} \boldsymbol{w}_x \\ \boldsymbol{w}_y \end{bmatrix} \tag{2.111}$$

$$\boldsymbol{R}_1 = \begin{bmatrix} \boldsymbol{0} & \boldsymbol{R}_{xy} \\ \boldsymbol{R}_{xy}^T & \boldsymbol{0} \end{bmatrix} \tag{2.112}$$

$$\boldsymbol{R}_2 = \begin{bmatrix} \boldsymbol{R}_{xx} & \boldsymbol{0} \\ \boldsymbol{0} & \boldsymbol{R}_{yy} \end{bmatrix} \tag{2.113}$$

とします。式 (2.105) を最大にする解は，一般化固有値問題

$$\boldsymbol{R}_1\boldsymbol{w} = \lambda\boldsymbol{R}_2\boldsymbol{w} \tag{2.114}$$

の最大一般化固有値値に対応する一般化固有ベクトルです。固有値を降順に並べて，第 1 正準相関，第 2 正準相関，$\cdots$ と複数の正準相関を求めることも可能です。この場合，各組の正準変量どうしは無相関になります。

2.4.3 独立成分分析

独立成分分析（independent component analysis, **ICA**）は，観測信号が統計的に独立な成分の線形和であるという仮定の下，観測信号から混合前の信号を推定する手法です。詳しくは文献30) などを参考にしてください。

ここでは，多チャネルで観測される時系列信号 $\boldsymbol{x}[n] = [x_1[n], x_2[n], \cdots, x_D[n]]^T$ を考えます。ICA は $\boldsymbol{x}[n]$ に対して観測モデル

$$\boldsymbol{x}[n] = \boldsymbol{A}\boldsymbol{s}[n] \tag{2.115}$$

を仮定します。ここで，$\boldsymbol{A} \in \mathbb{R}^{D\times D}$ は混合行列と呼ばれます。$\boldsymbol{s}[n] = [s_1[n], s_2[n], \cdots, s_D[n]]^T$ は統計的に独立な成分であることを仮定します。独立成分が混合行列によって，各チャネルに混合することによって，$\boldsymbol{x}[n]$ として観測されます。したがって，直接 $\boldsymbol{s}[n]$ を観測することはできません。

このモデルの下で，$\boldsymbol{W} = \boldsymbol{A}^{-1}$ となるような $\boldsymbol{W}$ を，$\boldsymbol{A}$ に関する知識なしに見つける問題が ICA です。具体的には

$$\boldsymbol{y}[n] = \boldsymbol{W}\boldsymbol{x}[n] \tag{2.116}$$

の要素がたがいに独立になるような行列 $\boldsymbol{W}$ を見つけます。$\boldsymbol{W}$ を分離行列，$\boldsymbol{y}[n]$ のそれぞれの要素を独立成分と呼びます。ICA のモデルでは，$\boldsymbol{y}[n]$ と $\boldsymbol{s}[n]$ は完全に一致している必要はなく，振幅の任意性と，チャネルどうしの入れ替えを許容しています。つまり，独立成分の順番や振幅は異なる場合があります。

分離行列 $\boldsymbol{W}$ を求める方法は，独立性の評価法によって異なり，数多くのアルゴリズムが提案されています。独立性の評価にさまざまな方法がある理由は，

統計的独立性の評価には確率密度関数が必要であり，一般的にこれは未知だからです。したがって，独立性に近い値を評価する方法によって，アルゴリズムごとに異なる性能や特徴が存在します。ここでは，代表的な三つの方法を簡単に述べます。

一つ目は**カルバック・ライブラー**（Kullback–Leibler, **KL**）**情報量**により独立性を評価する方法で，Infomax 法と呼ばれています。KL 情報量の最小化には，厳密解を求められないため，勾配法による逐次探索が必要です。勾配には，例えば自然勾配

$$\nabla \boldsymbol{W} = (\boldsymbol{I} - E[\varphi(\boldsymbol{y}[n])\boldsymbol{y}^T[n]])\boldsymbol{W} \tag{2.117}$$

と呼ばれているものが用いられます。ここで，$E[\cdot]$ は期待値計算を表し，$\varphi(\cdot)$ は確率密度関数によって決まる関数です。しかし，前述したように確率密度関数は一般的に未知であるため，実際に使用する際には，信号源がスーパーガウシアン（正規分布より「尖った」分布）と予想される場合は $\varphi(y_i) = \tanh y_i$，サブガウシアン（正規分布より「なだらかな」分布）の場合は $\varphi(y_i) = y^3$ が決め打ち的に用いられます。ここでの y_i は，$\boldsymbol{y}[n]$ の i 番目の要素のことです。

二つ目は，非正規性を評価する方法です。中心極限定理によれば，非正規分布の確率変数の和は正規分布に近づきます。したがって，分離後の信号はより非正規的であると考えられます。そこで，分離後の信号がより非正規的になるように $\boldsymbol{W}$ を見つけます。非正規性の指標として，4 次統計量である**尖度**（kurtosis）を用いることができます。正規分布の尖度は 0 であるため，なるべく尖度の絶対値が大きくなるような解を見つけます。分離行列 $\boldsymbol{W}$ のある行を $\boldsymbol{v}$ とすると，不動点法による更新式

$$\boldsymbol{v} \leftarrow E[(\boldsymbol{v}\boldsymbol{x})^3\boldsymbol{x}] - 3\boldsymbol{v} \tag{2.118}$$

によって解を得ます。$\boldsymbol{W}$ を直交行列に限ることで，別の行成分は求めた $\boldsymbol{v}$ の直交補空間から，同じ方法で求めることができます。

三つ目は時間相関を使う方法です。ここでは最も簡単な **AMUSE**（algorithm for multiple unknown signals extraction）**法**を紹介します。AMUSE 法は，独立

成分 $\boldsymbol{y}[n]$ の時間ずれ相関が無相関であることを用います。まず，独立性より無相関性

$$E[\boldsymbol{y}[n]\boldsymbol{y}^T[n]] = \boldsymbol{W}E[\boldsymbol{x}[n]\boldsymbol{x}^T[n]]\boldsymbol{W}^T = \boldsymbol{D}_1$$

が成り立ちます。また，エルゴード性を仮定すれば，$\boldsymbol{y}[n]$ は時間のずれに対しても無相関であり

$$E[\boldsymbol{y}[n]\boldsymbol{y}^T[n+d]] + E[\boldsymbol{y}[n+d]\boldsymbol{y}^T[n]]$$
$$= \boldsymbol{W}\left(E[\boldsymbol{x}[n]\boldsymbol{x}^T[n+d]] + E[\boldsymbol{x}[n+d]\boldsymbol{x}^T[n]]\right)\boldsymbol{W}^T = \boldsymbol{D}_2$$

です。ここで，d は時間ずれを与えるパラメータ，$\boldsymbol{D}_1$，$\boldsymbol{D}_2$ は対角行列です。以上より

$$\boldsymbol{R} = E[\boldsymbol{x}[n]\boldsymbol{x}^T[n]]$$

と

$$\boldsymbol{R}_d = E[\boldsymbol{x}[n]\boldsymbol{x}^T[n+d]] + E[\boldsymbol{x}[n+d]\boldsymbol{x}^T[n]]$$

を同時に対角化する $\boldsymbol{W}$ を見つければよく，これは一般化固有値問題

$$\boldsymbol{R}_d\boldsymbol{w} = \lambda\boldsymbol{R}\boldsymbol{w} \tag{2.119}$$

の解として与えられます。一般化固有ベクトル $\boldsymbol{w}$ を列として持つ行列が $\boldsymbol{W}$ です。AMUSE と同様に時間ずれ相関を用いる方法が **SOBI**（second-order blind identification）です。AMUSE と比べて，ノイズなどに頑健であることが知られています。SOBI は，複数の時間ずれ相関を用いて，それらを同時に対角化します。詳細についてはここでは省略します。

2.4.4 重回帰分析

入力ベクトル $\boldsymbol{x} = [x_1, x_2, \cdots, x_D]$ からある値 y を予測する問題を考えます。例えば，入力である脳波から，脳の状態に関連した連続的な値を予測することがこれにあたります。ここでは，一般的な線形回帰モデル

$$y = \beta_0 + \beta_1 x_1 + \beta_2 x_2 + \cdots + \beta_D x_D = \beta_0 + \sum_{j=1}^{D} \beta_j x_j \tag{2.120}$$

を考えます。モデルのパラメータである $\beta_0, \beta_1, \cdots, \beta_D$ は回帰係数と呼ばれます。入力信号とその正解値が組になった学習サンプルを使って，学習サンプルがよりよく予測できるようにパラメータを設計します。N_s 個の学習サンプル $\{\boldsymbol{x}_i, y_i\}_{i=1}^{N_s}$ が与えられたとします。入力ベクトルの次元数 D より，学習サンプル数 N_s が大きいこと，つまり，$D \leq N_s$ を仮定します。このとき，パラメータを求める最も一般的な方法は**最小二乗法**（least squares method）です。この方法は，学習サンプルの正解値と回帰モデルによる予測値との誤差が一番小さくなるように設計する方法です。この誤差は

$$\text{誤差} = \sum_{i=1}^{N_s} \left(y_i - \beta_0 + \sum_{j=1}^{D} \beta_j x_j \right)^2 = \|\boldsymbol{y} - \boldsymbol{\Phi}\boldsymbol{\beta}\|_2^2 \tag{2.121}$$

と定義されます。ここで，$\|\cdot\|_2^2$ は中のベクトルの 2 乗ノルムを 2 乗したもの（$\|\boldsymbol{a}\|_2^2 = \sum a_i^2$），行列 $\boldsymbol{\Phi}$ は学習サンプルの入力ベクトルを

$$\boldsymbol{\Phi}^T = \begin{bmatrix} 1 & 1 & \cdots & 1 \\ \boldsymbol{x}_1 & \boldsymbol{x}_2 & \cdots & \boldsymbol{x}_{N_s} \end{bmatrix} \in \mathbb{R}^{(D+1) \times N_s} \tag{2.122}$$

のように並べたもの，ベクトル $\boldsymbol{\beta}$ はパラメータを並べた

$$\boldsymbol{\beta} = [\beta_0, \beta_1, \cdots, \beta_D]^T \in \mathbb{R}^{D+1} \tag{2.123}$$

であり，ベクトル $\boldsymbol{y}$ は学習サンプルの出力値を並べた

$$\boldsymbol{y} = [y_1, y_2, \cdots, y_{N_s}]^T \in \mathbb{R}^{N_s} \tag{2.124}$$

と定義されます。最小 2 乗法における最適化問題は

$$\min_{\boldsymbol{\beta} \in \mathbb{R}^{D+1}} \ \frac{1}{2} \|\boldsymbol{y} - \boldsymbol{\Phi}\boldsymbol{\beta}\|_2^2 \tag{2.125}$$

と書くことができます。この問題の最適解を求めるために誤差をつぎのように $\boldsymbol{\beta}$ で微分します。

$$\frac{\partial}{\partial\boldsymbol{\beta}}\left(\frac{1}{2}\|\boldsymbol{y}-\boldsymbol{\Phi\beta}\|_2^2\right)=\frac{1}{2}\frac{\partial}{\partial\boldsymbol{\beta}}\left((\boldsymbol{y}-\boldsymbol{\Phi\beta})^T(\boldsymbol{y}-\boldsymbol{\Phi\beta})\right)$$
$$=\frac{1}{2}\frac{\partial}{\partial\boldsymbol{\beta}}\left(\boldsymbol{y}^T\boldsymbol{y}-2\boldsymbol{\beta}^T\boldsymbol{\Phi}^T\boldsymbol{y}+\boldsymbol{\beta}^T\boldsymbol{\Phi}^T\boldsymbol{\Phi\beta}\right)$$
$$=-\boldsymbol{\Phi}^T\boldsymbol{y}+\boldsymbol{\Phi}^T\boldsymbol{\Phi\beta} \tag{2.126}$$

これを0とおいて，$\boldsymbol{\beta}$でまとめると

$$-\boldsymbol{\Phi}^T\boldsymbol{y}+\boldsymbol{\Phi}^T\boldsymbol{\Phi\beta}=0$$
$$\boldsymbol{\Phi}^T\boldsymbol{\Phi\beta}=\boldsymbol{\Phi}^T\boldsymbol{y}$$
$$\boldsymbol{\beta}=(\boldsymbol{\Phi}^T\boldsymbol{\Phi})^{-1}\boldsymbol{\Phi}^T\boldsymbol{y} \tag{2.127}$$

となり，誤差を最小にするパラメータが決まります。

ある回帰係数β_nがyの予測に貢献しているかどうかは，$\beta_n=0$となる可能性がどの程度あるかを調べることで行います。まず，$\hat{\beta}_n$の**標準誤差**（standard error）を

$$s_n=\frac{\sqrt{\sum_{i=1}^{N_s}e_i^2/(N_s-2)}}{\sqrt{\sum_{i=1}^{N_s}(x_{ni}-\bar{x}_n)^2}} \tag{2.128}$$

と求めます。ここで，e_iはi番目のサンプルにおける予測誤差，x_{ni}はx_nのi番目のサンプル，$\bar{x}_n$は説明変数x_nのサンプル平均です。これから

$$t_n=\frac{\hat{\beta}_n}{s_2} \tag{2.129}$$

を求めます。これを自由度$n-2$のt分布表と照らし合わせるとp値が得られます。このp値は$\beta_n=0$となる可能性を確率として表しています。つまり，p値によってx_nがyの予測に貢献しているかどうかを判断できます。p値が低い要素を残すことで，特徴選択を行うことができます。

2.4.5 正　則　化

前項では，$D\leq N_s$と仮定し，最小2乗法による解を求めました。この仮定

は，$\boldsymbol{\Phi}^T\boldsymbol{\Phi}$ が正則行列となり，式 (2.127) の逆行列を求めるために必要です。しかし，学習サンプル数が入力ベクトル数より小さい場合，正則行列とはならず逆行列を求めることができません。このように解が一意に決まらない問題を**不良設定問題**（ill-posed problem）と呼びます。BCI などの生体信号を取り扱う問題は，学習サンプルを大量に集めることが困難であることが多いため，不良設定問題になりやすいといえます。このような不良設定問題を解くための方法の一つが**正則化**（regularization）です。

正則化の一つである L2 正則化は，式 (2.125) で定義される最小化問題に，パラメータの 2 乗ノルムに関する罰則（$\|\boldsymbol{\beta}\|_2^2 = \sum_{i=0}^{D} \beta_i^2$）をつぎのように加えます。

$$\min_{\boldsymbol{\beta}\in\mathbb{R}^{D+1}} \ \frac{1}{2}\|\boldsymbol{y} - \boldsymbol{\Phi}\boldsymbol{\beta}\|_2^2 + \frac{\lambda}{2}\|\boldsymbol{\beta}\|_2^2 \tag{2.130}$$

ここで，罰則である $\frac{\lambda}{2}\|\boldsymbol{\beta}\|_2^2$ を**正則化項**（regularization term），誤差と罰則の大きさを調整する係数 λ を**正則化パラメータ**（regularization parameter）と呼びます。この罰則付きの最小 2 乗法は**リッジ回帰**（ridge regression）とも呼ばれます。この問題の解は，パラメータベクトル $\boldsymbol{\beta}$ の各要素の大きさをある程度小さく保ちながら，誤差を小さくするものが選ばれます。罰則である $\|\boldsymbol{\beta}\|$ がどの程度小さく保たれるかは，正則化パラメータによって決まります。この問題の解は，式 (2.125) と同様に，$\boldsymbol{\beta}$ に関しての微分

$$\frac{\partial}{\partial\boldsymbol{\beta}}\left(\frac{1}{2}\|\boldsymbol{y} - \boldsymbol{\Phi}\boldsymbol{\beta}\|_2^2 + \frac{\lambda}{2}\|\boldsymbol{\beta}\|_2^2\right) = -\boldsymbol{\Phi}^T\boldsymbol{y} + \boldsymbol{\Phi}^T\boldsymbol{\Phi}\boldsymbol{\beta} + \lambda\boldsymbol{\beta} \tag{2.131}$$

を 0 とおき，$\boldsymbol{\beta}$ でまとめると

$$\boldsymbol{\beta} = (\boldsymbol{\Phi}^T\boldsymbol{\Phi} + \lambda\boldsymbol{I})^{-1}\boldsymbol{\Phi}^T\boldsymbol{y} \tag{2.132}$$

と求めることができます。実装する場合，MATLAB の場合は Statistics and Machine Learning Toolbox の `ridge` を，Python の場合は `sklearn.linear_model.Ridge` を使うことができます。

L2 ノルムを罰則として用いるリッジ回帰に対して，L1 ノルム（$\|\boldsymbol{\beta}\|_1 =$

$\sum_{i=0}^{D}|\beta_i|$) を用いる方法が L1 正則化，または **LASSO** (least absolute shrinkage and selection operator)[31] と呼ばれる方法です。LASSO は最適化問題

$$\min_{\boldsymbol{\beta}\in\mathbb{R}^{D+1}} \frac{1}{2}\|\boldsymbol{y}-\boldsymbol{\Phi}\boldsymbol{\beta}\|_2^2+\lambda\|\boldsymbol{\beta}\|_1 \tag{2.133}$$

を解きます。この問題は近接作用素を用いた繰り返しアルゴリズム（近接勾配法）によって効率的に解くことができます。式 (2.133) に近接勾配法を適用すると，更新式は

$$\boldsymbol{\beta}_{n+1}=S_{\lambda\gamma}\left(\boldsymbol{\beta}_n-\gamma\frac{\partial}{\partial\boldsymbol{\beta}}f\left(\boldsymbol{\beta}_n\right)\right) \tag{2.134}$$

となります。ここで，$f(\boldsymbol{\beta})=\|\boldsymbol{y}-\boldsymbol{\Phi}\boldsymbol{\beta}\|_2^2$，また，$S_{\lambda\gamma}(\cdot)$ はソフトしきい値処理と呼ばれ

$$S_{\lambda\gamma}(\boldsymbol{v})=\begin{cases} v_i-\gamma\lambda, & v_i\geq\gamma\lambda \\ 0, & -\gamma\lambda<v_i<\gamma\lambda \\ v_i+\gamma\lambda, & v_i\leq-\gamma\lambda \end{cases} \tag{2.135}$$

で与えられます。最適化アルゴリズムを詳しく知りたい場合は，文献32) が詳しいです。実装する場合，MATLAB の場合は Statistics and Machine Learning Toolbox の `lasso` を，Python の場合は `sklearn.linear_model.Lasso` を使うことができます。L1 正則化を用いると疎（スパース）な解が得られることが知られています。スパースとは，ベクトルのほとんどの要素が 0 であることを意味しています。回帰問題の場合は，y を予測するために，入力ベクトル $\boldsymbol{x}$ のいくつかの要素しか使わないことを意味します。つまり，L1 正則化を用いると予測に有効な特徴を選ぶことができます。

正則化はパラメータに対する事前情報を最適化問題に組み込むことに相当します。L1 正則化は「パラメータがスパースである」，L2 正則化は「パラメータの要素が小さい」ことを事前情報として使っています。実際の問題ではパラメータに関してこのような事前情報を持っていることはほとんどありません。

しかし，経験的にこのような正則化によって，予測モデルが学習サンプルに過剰にフィッティングする過学習を防ぎ，未知のサンプルに対する誤差（汎化誤差）がより小さい回帰モデルを作成できることが知られています。交差検定などを使って学習サンプルに対する誤差（訓練誤差）と汎化誤差を求めたときに，訓練誤差が小さいにもかかわらず汎化誤差が大きい場合は，上記の正則化を試すとよいでしょう。交差検定や汎化誤差については 5.2 節で詳しく述べます。

2.5 パターン認識

パターン認識（pattern recognition）とは，観測された信号を複数のクラスのうちの一つに対応させる処理です。例えば，十字ボタンのようなインタフェースは，入力された脳信号をつぎの五つのクラス―前，後，左，右，無入力―に分ける必要があります。ボタンのようなインタフェースであれば，ボタンが押されているかを電気的な信号で判別することができます。しかし，BCI において脳信号を入力として用いる場合，脳信号のパターンを検知し，クラスを判別する必要があります。本節では，よく BCI に用いられるパターン認識を紹介します。

本節では，観測 $\boldsymbol{x} \in \mathbb{R}^D$ を得たときに，$\boldsymbol{x}$ が属するクラスを $\hat{y}$ として予測する問題を考えます。ここでは，c 個のクラス（$\omega_1, \omega_2, \cdots, \omega_{N_c}$）のうちの一つに，$\hat{y}$ を対応させます。この対応付けをどうすればよいのかを考えるときに有効なアプローチが学習です。学習では，学習サンプルとして，あらかじめ正解がわかっている観測とその正解クラスの組を用います。ここでは，学習サンプルの組を $\{\boldsymbol{x}_i, y_i\}_{i=1}^{N_s}$ と表します。N_s は学習サンプルの数，$\boldsymbol{x}_i$ は i 番目の観測信号，y_i は $\boldsymbol{x}_i$ に対応するクラス（つまり，$y_i \in \{\omega_1, \omega_2, \cdots, \omega_{N_c}\}$）です。これらの学習サンプルが正しく分類されるように対応付けを作ります。この対応付けの学習を機械的に行うことを**機械学習**（machine learning）と呼びます。

2.5.1　最近傍決定則

最近傍決定則（nearest neighbor rule, **NN rule**）は，観測データから一番近い学習サンプルが属するクラスへ識別する方法です。この決定則は

$$j = \underset{i=1,2,\cdots,N_s}{\operatorname{argmin}} \; d(\boldsymbol{x}, \boldsymbol{x}_i) \tag{2.136}$$

$$\hat{y} = y_j \tag{2.137}$$

と書けます。ここで，$d(\boldsymbol{a}, \boldsymbol{b})$ は，二つのベクトルの距離です。代表的なものとして，ユークリッド距離 $\|\boldsymbol{a} - \boldsymbol{b}\|_2^2$ があります。学習サンプル内の $\boldsymbol{x}_j$ が $\boldsymbol{x}$ の最近傍なので，$\boldsymbol{x}_j$ が属するクラスである y_j に $\boldsymbol{x}$ を識別しました。

上の例では一番近い学習サンプルのみを取っていました。これに対して，近傍にある複数の学習サンプルを使って識別する方法を $\boldsymbol{k}$ **最近傍決定則**（k-NN rule）と呼びます。これは観測サンプルに近い k 個の学習サンプルが属するクラスを調べ，その中で一番多いクラスに観測データを識別する方法です。

最近傍決定則は非常に単純で直観的な決定則でありながら，非線形な識別境界を実現することができるため，学習サンプル数が十分であれば非常に強力な識別則になり得ます。しかし，すべての学習サンプルをメモリに保持しながら，そのすべてに対して入力サンプルとの距離を計算する必要があるため，計算コストは比較的高いといえます。

2.5.2　ベイズ決定則

観測サンプル $\boldsymbol{x}$ がクラス ω_i に属する確率を $P(\omega_i \mid \boldsymbol{x})$ と表し，この確率が最大となるクラスに観測サンプルを識別する方法を**ベイズ決定則**（Bayes' rule）と呼びます。$P(\omega_i \mid \boldsymbol{x})$ はサンプル $\boldsymbol{x}$ が観測された後の確率という意味で**事後確率**（posterior probability）と呼ばれます。事後確率はつぎのように計算されます。

$$p(\omega_c \mid \boldsymbol{x}) = \frac{p(\boldsymbol{x} \mid \omega_c)p(\omega_c)}{p(\boldsymbol{x})} \tag{2.138}$$

ここで，$p(\boldsymbol{x} \mid \omega_c)$ は，サンプルがクラス ω_c に属するときに，観測サンプルが値

$\boldsymbol{x}$ を取る確率で，**尤度**（likelihood）を呼ばれます。また，$p(\boldsymbol{x})$ と $p(\omega_c)$ は**事前確率**（prior probability）と呼ばれます。事前確率から事後確率を求める計算が**ベイズの定理**（Bayes' theorem）です。$p(\boldsymbol{x})$ はどのクラスに対しても一定であり，事後確率の大小には関連しないため，事後確率を最大にするクラスは

$$\hat{\omega} = \underset{\omega \in \{\omega_1, \omega_2, \cdots, \omega_{N_c}\}}{\operatorname{argmax}} \quad p(\boldsymbol{x} \mid \omega) p(\omega) \tag{2.139}$$

と求めることができます。

一般的に尤度 $p(\boldsymbol{x} \mid \omega)$ や事前確率 $p(\omega)$ は未知です。尤度に関しては，適当な確率分布を仮定して，学習サンプルから確率分布のパラメータを求めることができます。例えば，確率分布として正規分布 $\mathcal{N}(\boldsymbol{x} \mid \boldsymbol{\mu}, \boldsymbol{\Sigma})$ を仮定します。パラメータである平均 $\boldsymbol{\mu}$ と分散 $\boldsymbol{\Sigma}$ は各クラスごとに求めます。尤度を最大化する推定方法（**最尤推定**（maximum likelihood estimation））を用いると，クラス $\boldsymbol{w}_i$ に対する平均の推定値はサンプル平均

$$\boldsymbol{\mu}_c = \frac{1}{N_s} \sum_{\{i \mid y_i = \omega_c\}} \boldsymbol{x}_i \tag{2.140}$$

となり，分散の推定値はサンプル分散共分散行列

$$\boldsymbol{\Sigma}_c = \frac{1}{N_s - 1} \sum_{\{i \mid y_i = \omega_c\}} (\boldsymbol{x}_i - \boldsymbol{\mu}_c)(\boldsymbol{x}_i - \boldsymbol{\mu}_c)^T \tag{2.141}$$

となります。一方で，事前確率 $p(\omega)$ はクラスの発生確率を表しており，「あるクラスは発生しやすい」や「あるクラスはめったに発生しない」といった事前知識（もしくは学習サンプルにおけるデータの偏り）によって，設定することができます。こういった事前知識がない場合は**一様分布**（uniform distribution），つまり，$p(\omega_1) = p(\omega_2) = \cdots = p(\omega_{N_c}) = 1/N_c$ と設定します。正規分布および一様分布を仮定した場合，事前分布も事後確率の大小に関連しないため，クラスインデックスを

$$\hat{c} = \underset{c=1,2,\cdots,N_c}{\operatorname{argmax}} \mathcal{N}(\boldsymbol{x} \mid \boldsymbol{\mu}_c, \boldsymbol{\Sigma}_c) \tag{2.142}$$

と推定し，クラスラベルは $\hat{\omega} = \omega_{\hat{c}}$ となります。

2.5.3 線形判別分析

線形判別分析（linear discriminant analysis, **LDA**）は，識別器ではなく教師ありの次元削減方法に分類されます。つまり，LDA はラベル付き訓練サンプルから線形写像

$$\boldsymbol{\gamma} = \boldsymbol{U}^T \boldsymbol{x} \tag{2.143}$$

を学習し，$\boldsymbol{x}$ より次元の小さいベクトル $\boldsymbol{\gamma} \in \mathbb{R}^{D_r}$ を得ることができます。ここで，$\boldsymbol{U}$ はサイズ $D \times D_r$ の写像行列です。D_r は D より小さいとします。

あるサンプルの D 次元の特徴ベクトル $\boldsymbol{x}$ を，N_c クラス中のクラス ω に識別する問題を考えます。LDA は学習サンプル $\{\boldsymbol{x}_i, y_i\}_{i=1}^{N_s}$ を用いて，$\boldsymbol{U}$ を

$$\max_{\boldsymbol{U}} \quad \frac{\sum_{c=1}^{N_c} |\Omega_c| \|\bar{\boldsymbol{\gamma}}_{\omega_c} - \bar{\boldsymbol{\gamma}}\|^2}{\sum_{i=1}^{N_s} \|\boldsymbol{\gamma}_i - \bar{\boldsymbol{\gamma}}_{y_i}\|^2} \tag{2.144}$$

を解くことで決定します。ここで，$\boldsymbol{\gamma}_i$ は $\boldsymbol{\gamma}_i = \boldsymbol{U}^T \boldsymbol{x}_i$ によって与えられる LDA 後の特徴ベクトル，$\bar{\boldsymbol{\gamma}}$ は

$$\bar{\boldsymbol{\gamma}} = \frac{1}{N_s} \sum_{i=1}^{N_s} \boldsymbol{\gamma}_i \tag{2.145}$$

で与えられる写像された特徴ベクトルの平均，$\bar{\boldsymbol{\gamma}}_{\omega_c}$ は

$$\bar{\boldsymbol{\gamma}}_{\omega_c} = \frac{1}{|\Omega_c|} \sum_{i \in \Omega_c} \boldsymbol{\gamma}_i \tag{2.146}$$

で与えられるクラス ω_c に属するサンプルの写像されたベクトルの平均，Ω_c はクラス ω_c に属するサンプルのインデックスの集合（$\Omega_c = \{i' \mid y_{i'} = \omega_c, i' = 1, 2, \cdots, N_s\}$），$|\cdot|$ は集合内の要素数を表します。

最適化問題 (2.144) は，つぎのように行列ベクトルの形で表すことができます。まず，クラス間変動行列

$$\boldsymbol{B} = \sum_{c=1}^{N_c} |\Omega_c| (\bar{\boldsymbol{x}}_{\omega_c} - \bar{\boldsymbol{x}})(\bar{\boldsymbol{x}}_{\omega_c} - \bar{\boldsymbol{x}})^T \tag{2.147}$$

総変動行列

$$\boldsymbol{T} = \sum_{i=1}^{N_s} (\boldsymbol{x}_i - \bar{\boldsymbol{x}})(\boldsymbol{x}_i - \bar{\boldsymbol{x}})^T \tag{2.148}$$

クラス内変動行列

$$\boldsymbol{W} = \boldsymbol{T} - \boldsymbol{B} \tag{2.149}$$

を求めます。ここで，$\bar{\boldsymbol{x}}$ は

$$\bar{\boldsymbol{x}} = \frac{1}{N_i} \sum_{i=1}^{N_i} \boldsymbol{x}_i \tag{2.150}$$

で与えられるサンプル平均，$\bar{\boldsymbol{x}}_{\omega_c}$ は

$$\bar{\boldsymbol{x}}_{\omega_c} = \frac{1}{|\Omega_c|} \sum_{i \in \Omega_c} \boldsymbol{x}_i \tag{2.151}$$

で与えられるクラス ω_c 内のサンプル平均です。これらの変動行列を用いると，式 (2.144) は

$$\max_{\boldsymbol{U}} \quad \frac{\mathrm{tr}\left(\boldsymbol{U}^T \boldsymbol{B} \boldsymbol{U}\right)}{\mathrm{tr}\left(\boldsymbol{U}^T \boldsymbol{W} \boldsymbol{U}\right)} \tag{2.152}$$

と表すことができます。ここで，$\mathrm{tr}(\cdot)$ は，正方行列の対角成分の和を計算します。この評価関数の分子と分母はともに二次形式であるため，$\boldsymbol{U}$ を定数倍しても評価関数の値は変化しません。したがって，この問題は，制約条件

$$\boldsymbol{U}^T \boldsymbol{W} \boldsymbol{U} = \boldsymbol{I} \tag{2.153}$$

の下で分子 $\mathrm{tr}(\boldsymbol{U}^{\boldsymbol{T}} \boldsymbol{B} \boldsymbol{U})$ を最大化する問題と等価です。この制約条件を含む問題をラグランジュの未定乗数法を使って，つぎのように解きます。$\boldsymbol{\Lambda}$ をラグランジュ乗数とすると，最適化問題および制約条件のラグランジュ関数は

$$L(\boldsymbol{U}, \Lambda) = \mathrm{tr}(\boldsymbol{U}^T \boldsymbol{B} \boldsymbol{U}) - \mathrm{tr}((\boldsymbol{U}^T \boldsymbol{W} \boldsymbol{U} - \boldsymbol{I})\boldsymbol{\Lambda}) \tag{2.154}$$

となります。$\boldsymbol{W}$ と $\boldsymbol{B}$ は対称行列なので，ラグランジュ関数を $\boldsymbol{U}$ で微分すると

$$\frac{\partial L(\boldsymbol{U}, \lambda)}{\partial \boldsymbol{U}} = (\boldsymbol{B} + \boldsymbol{B}^T)\boldsymbol{U} - (\boldsymbol{W} + \boldsymbol{W}^T)\boldsymbol{U}\boldsymbol{\Lambda}$$

$$= 2\boldsymbol{BU} - 2\boldsymbol{WU\Lambda} \tag{2.155}$$

です。これを0とおくと，一般化固有値問題

$$\boldsymbol{BU} = \boldsymbol{WU\Lambda} \tag{2.156}$$

に帰着します。$\boldsymbol{W}$ が正則であれば，$\boldsymbol{W}^{-1}\boldsymbol{B}$ の D_r 個の大きい固有値に対応する固有ベクトルを並べたものが $\boldsymbol{U}$ の最適解です。特徴ベクトルの次元が大きく，学習サンプル数が少ない場合，$\boldsymbol{W}$ が正則でない場合が起こり得ます。その場合は，あらかじめPCAなどの教師なし次元削減を行い，学習サンプル数より特徴ベクトルの次元数を小さくします。もしくは，$\boldsymbol{W}$ をそのまま使うのではなく，正則化項を加えた $\boldsymbol{W} + \lambda\boldsymbol{I}$ に置き換えて[33]，一般化固有値問題を解きます。

2.5.4　サポートベクトルマシン

サポートベクトルマシン（support vector machine, **SVM**）は，その識別性能の高さと，非線形な識別関数を簡単に実現できることから，2000年代に広く使われるようになった識別器です。ここでは，SVMの簡単な原理を紹介します。詳しい理論や派生の方法は文献34)を参考にしてください。

線形カーネルを用いるSVMは**図2.15**のように線形モデル（$\hat{y} = \boldsymbol{w}^T\boldsymbol{x} + w_0$）によってクラス識別を行います。ここで，クラスラベルは -1 か 1 のどちらかを取ります（$y_i \in \{-1, 1\}, i = 1, 2, \cdots, N_c$）。パラメータ $\boldsymbol{w}, w_0$ は，$\boldsymbol{w}^T\boldsymbol{x} + w_0 = 0$ で表される決定境界から学習サンプルの最短距離（マージン，M）を最大にするように決定されます。最適化問題で表すと

$$\max_{\boldsymbol{w}, w_0} M \tag{2.157}$$

$$\text{subject to} \quad y_i(\boldsymbol{w}^T\boldsymbol{x}_i + w_0) \leq 1, \quad i = 1, 2, \cdots, N_s \tag{2.158}$$

となります。

図2.15では，線形の決定境界で分離可能な問題を取り扱いました。しかし，ほとんどの場合，サンプルの特徴ベクトルがクラス間で重なっています。この

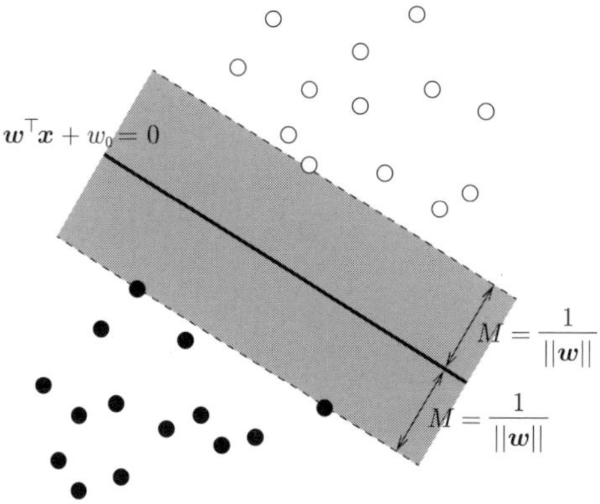

図 2.15　SVM 分類器。実線が決定境界です。破線は幅 $2M = 2/||\boldsymbol{w}||$ の最大マージンの端を示しています

ような線形分離不可能な問題に対して，スラック変数を導入し，一部のサンプルがマージンの端より誤分類側に入ることを許容する方法をソフトマージンと呼びます。また，SVM の特徴の一つは，カーネルトリックを用いることで，計算コストが比較的低いまま非線形な決定境界を設計できることです。これにより，線形分離不可能な問題に対して，より柔軟な分類が可能になります。SVM はすでにさまざまな実問題に応用されており，多くの問題において SVM がうまく機能することが知られています。

2.5.5　ニューラルネットワーク

近年の深層ネットワークや畳込みニューラルネットワークの成果によって，ニューラルネットワークは現在最も注目され，研究されているモデルといえるでしょう。ここでは，理論や最新の話題は触れずに，簡単なニューラルネットワークの原理を紹介します。

簡単のために，2 段階で構成されるニューラルネットワークを考えます。この構成を表したものが**図 2.16** です。観測ベクトル $\boldsymbol{x}$ は入力層 $X_1, X_2, \cdots, X_D$ に入力され，中間層 $Z_1, Z_2, \cdots, Z_{N_m}$ を通して，出力層 $Y_1, Y_2, \cdots, Y_{N_c}$ から出力値を取り出します。それぞれの層を構成するパーツ（X_1 など）は，ユニッ

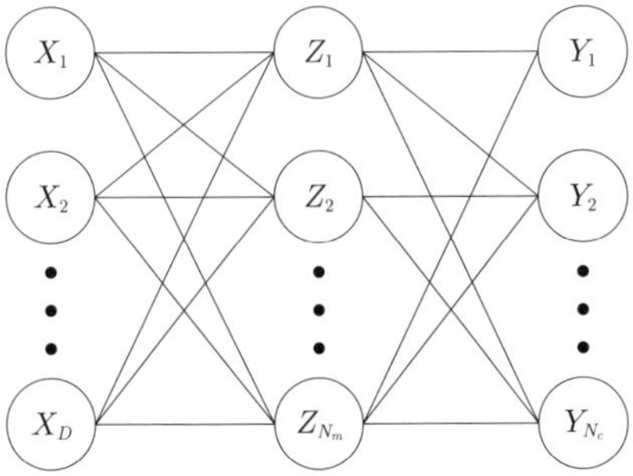

図 2.16　単一隠れ層ニューラルネットワークの構成

ト，ノード，もしくはニューロンと呼ばれます。回帰の問題の場合，出力値は一つなので出力層のユニットは一つのみを考えます。クラス分類の場合は出力層は N_c 個のユニットを持ちます。これは 1-of-K コーディングと呼ばれ，k 番目のクラスに識別された場合は，k 番目のユニットの出力が 1，ほかが 0 となるように出力を決定する方法です。例えば，1 番目のクラスと識別された場合は，$Y_1 = 1$ となり，ほかのユニットの値は 0 になります。

入力層と出力層の関係は

$$z_j = \sigma(\alpha_{0j} + \boldsymbol{\alpha}_j^T \boldsymbol{x}), \quad j = 1, 2, \cdots, N_m \tag{2.159}$$

$$t_k = \beta_{0k} + \boldsymbol{\beta}_k^T \boldsymbol{z}, \quad k = 1, 2, \cdots, N_c \tag{2.160}$$

$$y_k = g_k(\boldsymbol{t}), \quad k = 1, 2, \cdots, N_c \tag{2.161}$$

とモデル化されます。ここで，x_i，z_j，t_k，y_k は，それぞれ入力層の i 番目のユニットの値，中間層の j 番目のユニットの出力，出力層の k 番目のユニットへの入力，出力層の k 番目のユニットの出力を表します。それらをベクトルとして表記したものが，$\boldsymbol{x} = [x_1, x_2, \cdots, x_D]^T$，$\boldsymbol{z} = [z_1, z_2, \cdots, z_{N_m}]^T$，$\boldsymbol{t} = [t_1, z_2, \cdots, t_{N_c}]^T$ です。$\sigma(\cdot)$ は活性化関数と呼ばれ，**シグモイド関数**（sigmoid function）

$$\sigma(a) = \frac{1}{1 + e^{-a}} \tag{2.162}$$

がよく使われます。この関数は，$\alpha_{0j} + \boldsymbol{\alpha}_j^T \boldsymbol{x}$ が大きければ z_j が 1 に近づき，小さければ 0 に近づくように働きます。また，$g_k(\boldsymbol{t})$ は出力ベクトル $\boldsymbol{t}$ を最終の

出力 $\boldsymbol{y}$ に変換する役割を持っています。本モデルのように 1-of-K コーディングを用いたクラス分類の場合は，**ソフトマックス関数**（softmax function）

$$g_k(\boldsymbol{t}) = \frac{e^{t_k}}{\sum_{l=1}^{K} e^{t_l}} \tag{2.163}$$

がよく用いられます。この関数は，総和が 1 の正の値を返し，t_k が $\boldsymbol{t}$ の中で比較的大きければ 1 に近づき，小さければ 0 に近づきます。

ニューラルネットワークのモデルには，α_{0j}，$\boldsymbol{\alpha}_j$，β_{0k}，$\boldsymbol{\beta}_k, j = 1, 2, \cdots, N_m$，$k = 1, 2, \cdots, N_c$ の未知パラメータがあります。これを訓練サンプルを用いた学習によって決定します。訓練サンプルのラベル y_i とその推定値 $\hat{y}_i$ の誤差を最小にするためには勾配降下法や逆伝播法を用いることができます。これは，あるサンプルの誤差に対して，それが小さくなるようなパラメータの変化を，微分の連鎖律によって求めます。そして，学習率で調整された変化分だけ，パラメータを変化させます。これを，サンプルごとに誤差を計算しながら，誤差の増減がなくなるまで繰り返すことで，パラメータを設計します。

ニューラルネットワークは中間層の数やユニット数を増やすことで，さまざまな関数を近似できることが知られています[35)]。しかし，それらを増やすと未知パラメータが膨大になり，パラメータ推定が不安定になり，過学習といった問題を引き起こします。このような問題には，学習を早期に打ち止めしたり，誤差に罰則項を加える正則化といったテクニックが有効です。ニューラルネットワークは，その表現の豊かさから強力な武器になりますが，使いこなすのは経験が必要です。

最近のニューラルネットワークは，畳込み層，完全連結層，プーリング層，活性化関数，バッチ正規化などで構成されています。以下では，それぞれの要素がどのような働きをするのかを簡単に紹介します。

- 畳込み層は，入力データ中のフィルタ重みと領域との間のドット積を実行します。
- プーリング層は，空間次元でのダウンサンプリングを行います。
- 完全接続層では，各ユニットは前層のすべてのユニットに接続しており，クラススコアを出力します。

- 活性化関数は，現在のユニットとつぎの層に向かうその出力との間の非線形数学的操作です。一般的に使用される活性化関数として，シグモイド，tanh，整流線形単位（ReLU），指数線形単位（ELU）などがあります。
- バッチ正規化層は，入力データの再センタリングと再スケーリングに使用され，ニューラルネットワークの安定性と高速化を実現します。

2.5.6　多クラス分類

SVMのように入力ベクトルを二つのクラスに分ける識別器を，**2値識別器**（binary classifier）と呼びます。**三つ以上のクラスに分ける問題**（multiclass classification）に対しても，**一対多法**（one-vs-rest method）や**一対一法**（one-vs-one method）を使うことで，2値識別器を使うことができます。

一対多法では，あるクラスとその他のクラスに分ける識別器によって多クラス識別を実現します。まず，クラス ω_i が入力されたときに1，その他のクラス $\omega_1, \omega_2, \cdots, \omega_{i-1}, \omega_{i+1}, \cdots, \omega_{N_c-1}, \omega_{N_c}$ が入力されたときに0が出力される識別器 $\mathcal{C}_i$ を作ります。これをすべてのクラスで繰り返し，$\mathcal{C}_1, \mathcal{C}_2, \cdots, \mathcal{C}_{N_c}$ を作ります。例えば，3クラス識別問題の場合，ω_1 と $\{\omega_2, \omega_3\}$ を識別する $\mathcal{C}_1$，ω_2 と $\{\omega_1, \omega_3\}$ を識別する $\mathcal{C}_2$，ω_3 と $\{\omega_1, \omega_2\}$ を識別する $\mathcal{C}_3$ を学習します。それぞれの識別器は，前者と識別した場合は1を，後者と識別した場合は0を出力するとします。テストサンプルを入力したとき，$\mathcal{C}_1$ の出力が1，$\mathcal{C}_2$ と $\mathcal{C}_3$ の出力が0である場合，このサンプルをクラス ω_1 に識別します。この方法では，複数の識別器の出力が1の場合，クラスを決定することができません。このような状況の場合，そのサンプルを分類不可とするか，事後確率を計算して決定する方法などがあります。

一対一法では，二つのクラスの組を識別する ${}_{N_c}C_2$ 個の識別器を使います。すべてのクラスの組合せに対して識別器 $\{\mathcal{C}_{ij}\}_{i,j=1,2,\cdots,N_c,i\neq j}$ を作ります。例えば，3クラス識別問題の場合，ω_1 と ω_2 を識別する $\mathcal{C}_{1,2}$，ω_1 と ω_3 を識別する $\mathcal{C}_{1,3}$，ω_2 と ω_3 を識別する $\mathcal{C}_{2,3}$ を学習します。テストサンプルのクラスは識別

器出力の投票によって決定されます。テストサンプルを入力したとき，$\mathcal{C}_{1,2}$ の出力が 0，$\mathcal{C}_{1,3}$ の出力が 0，$\mathcal{C}_{2,3}$ の出力が 1 の場合，投票結果は ω_1 が 0 票，ω_2 が 2 票，ω_3 が 1 票獲得したこととなり，クラス ω_2 に識別されます。一対一法でも，同票を獲得する可能性があるため，クラスを一意に決められない場合が発生します。その場合は，一対多法と同様の対応が考えられます。

2.6 む　す　び

本章では，BCI 開発に必要な信号処理とパターン認識について述べました。まず，数学的準備として，線形代数の基礎を簡単に述べました。つぎに，フィルタやフーリエ変換などの周波数領域における処理を述べました。多変量解析の節では，データ駆動型の信号変換方法を説明し，回帰問題についても触れました。最後に，BCI の識別部に必要なパターン認識手法をいくつか紹介しました。ここで述べた方法は，基本的なものなので，信号処理や機械学習のライブラリに含まれています。したがって，実際に自分の手で実装することはほとんどないと思います。しかし，方法の原理を理解することは，問題に適した方法の選択を助けたり，実験結果の理解につながったりします。後の第 4 章にて，これらの方法をどのように脳波に適用するかを具体的に紹介します。

3 脳波計測

Next SIP

第1章でも述べたように，BCIに使われる脳活動計測にはさまざまな種類があります。その中でも，最も人気なものの一つが頭皮上で観測される脳波（頭皮脳波，もしくは単に脳波）です。脳波は計測原理が単純であるため，理解が容易なだけではなく，導入・維持コストが比較的低く済みます。しかし，正しいデータを取得するには，信頼度の高い計測装置だけではなく，測定者の知識や経験が必要です。本章では，頭皮脳波の発生原理，脳波計測に必要な装置，計測の手順，計測の際の注意事項などを紹介します。

3.1 発生原理

脳波はおもに大脳皮質における神経細胞（ニューロン）の電気活動を起因とした，頭皮上の電圧変動のことです。皮質下で生じた電位が頭皮上で記録されることもありますが，その変動は非常に小さいため，ほとんどが皮質表面の電気活動によるものと考えてよいでしょう。大脳皮質に存在するニューロンの中で，軸索と呼ばれる突起を持つものを錐体細胞と呼びます。錐体細胞から錐体細胞への情報伝達によって電位変化（シナプス後電位）が起こり，細胞に電流（膜電流）が流れることで，ニューロンは情報を伝達します。一つひとつの錐体細胞による電気活動は非常に微小ですが，錐体細胞集団の電気活動（シナプス後電位）が重なり合うと，比較的大きな電位として発生することがあります。この電位を記録したものを**局所フィールド電位**（local field potentials, **LFP**）と呼びます。LFPは皮質内部に設置された直径0.1〜1 mm程度の大きさの針状の電極によって観測することができます。この電極によって，電極を中心とした半径 0.5〜3 mm に存在する細胞の電気活動の総和を記録することができます。

また，軸索の電気活動は細胞膜の電位変化を引き起こします（膜電位）。膜電位を硬膜下から間接的に計測したものを**皮質脳波**（electrocoticogram, **ECoG**）と呼びます。また，この電位変化を頭皮上から計測したものが頭皮脳波です。膜電位の変化が脳脊髄液，頭蓋骨，筋肉，血管，皮膚などを通して，皮質上・頭皮上の電位変動として観測されることを体積伝導と呼びます。伝導によって複数の細胞で発生した電気活動は混ざります。そのため，頭皮上脳波は約数十億個の細胞（電極からの半径 1〜2 cm に存在する細胞）の電気活動が混合したものを計測しています。対して ECoG は，直径 2〜5 mm の電極によって，電極周辺の半径 1〜20 mm の脳活動を計測しています。頭皮上脳波の電位変動は，1〜10 μV 程度で非常に微弱です。時間解像度はニューロンの電気活動を直接反映しているため，比較的高いといえます。

3.2 計測システム

BCI における脳波の計測について述べます。**図 3.1** は BCI 実験および脳波計測システムの概略図です。指示・刺激呈示・フィードバック用コンピュータは実験参加者に，タスク開始の指示，刺激の呈示，フィードバックの表示を行います。図ではディスプレイを用いて視覚的に実験参加者に指示などを与えていますが，スピーカなどで聴覚的に与える場合もあります。タスク開始や刺激を呈示するタイミングを，トリガ信号として出力します。記録・信号処理用コンピュータは，脳波計測システムによって計測された信号を記録し，適切な処理を施した後に計測波形を表示します。また，BCI 実験の場合，BCI によって判別されたコマンドなどをフィードバック信号として，指示・刺激呈示・フィードバック用コンピュータに送ります。

脳波の計測システムは以下の構成要素を持っています。電極は頭皮の電位を差分増幅器に伝えます。3.3 節でも詳しく述べますが，電極の設置においては，

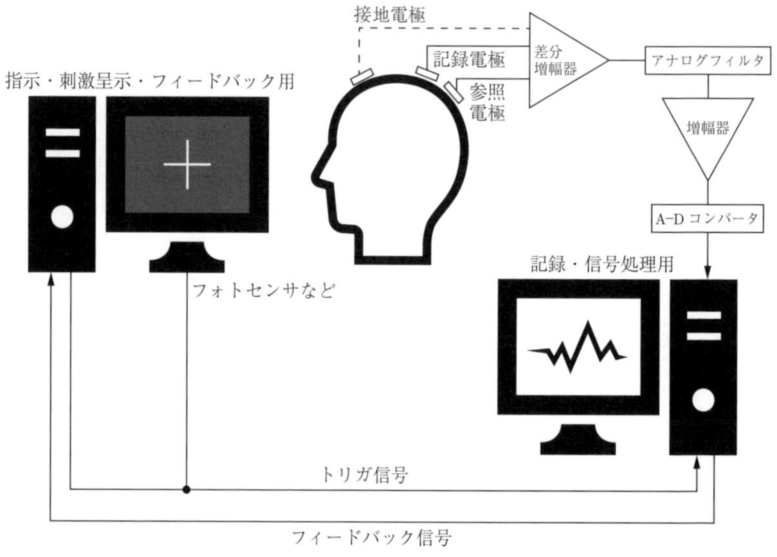

図 3.1　一般的な BCI のための脳波計測システムの概略図

電極とそれを設置した皮膚との間に発生する抵抗（接触抵抗）をできるだけ低くする必要があります。接触抵抗を下げるために，電極と皮膚の間に導電ジェルや塩水をつけて測定することが一般的です。塩水を用いる場合は，電極は塩水を含ませるためのスポンジで包まれています。キャップ型に配置された電極を用いる場合，キャップ全体を塩水につけてそのまま頭にかぶります。導電ジェルタイプのものはキャップをかぶった後に，電極と頭皮の間にジェルを一つひとつ流し込むタイプが多いので，塩水タイプのものは比較的短い時間で装着することができます。しかし，塩水が乾いてしまうので，長時間の使用には向きません。

電極の材質としてはスズ（Sn），銀-塩化銀（Ag/AgCl），金（Au），プラチナ（Pt）が一般的です。スズは一番安価ですが，1 Hz 以下の雑音が乗りやすくなります。ほとんどの商用脳波計測システムは銀-塩化銀を採用しています。金は銀-塩化銀と比べて，ドリフト（非常に低い周波数帯の雑音）と高周波数の雑音を比較的抑えることができます。

導電ジェルや塩水を用いるタイプの電極はウェット電極と呼ばれることがあります。これに対して，ドライ電極はジェルなどを用いない電極のことを指します。ドライ電極の材質としては，プラチナ，金，ステンレスなどの絶縁体が用いられます。ドライ電極は頭皮に電極を当てるだけなので，皮膚や髪を汚さずに，装着を素早く行うことができます。しかし，接触抵抗が高くなりやすいため，ウェット電極と比べると雑音の影響は大きく現れます。

コーヒーブレイク

40 年以上にわたる研究を経て，非侵襲型の BCI の性能は大幅に向上し，実用化が期待されるまでに至りました。しかしながら，依然として（人々が違和感なく日常的に装着できるほど）簡便な脳波計が開発されておらず，これが BCI を実用化するうえでの最大の課題です。電極接触抵抗値を下げるためのジェルが不要なドライ電極を搭載したワイヤレス脳波計は多く開発・商品化されています。しかしながら，Xing らの研究によると，ドライ電極を用いた場合とウェット電極を用いた場合と比較した結果，ウェット電極を用いた場合のほうが優位に高い BCI 課題の精度が得られました[36)]。また，後に筆者らが行った研究においても，同じような結果が得られました[37)]。したがって，質の高いデータが要求されるような研究を行うのであれば，ウェット電極を用いるのが無難といえるでしょう。一方，何らかの理由でウェット電極を用いることが難しい場合（高齢者や患者などで長時間の拘束が難しい場合など）は，ドライ電極はとても有用です。

電極からアンプまでは導線でつながれています。導線が揺れると，電磁波などの影響によって大きな雑音が乗ることがあります。電極にインピーダンス変換アンプを取り付け，ある程度振幅を大きくして導線に信号を流すことで，この影響を小さくする電極をアクティブ電極と呼びます。一方，アンプが付いていないものをパッシブ電極と呼びます。アクティブ電極はパッシブ電極と比べて高価です。

電極を頭皮に固定するには，水泳帽のようなキャップの使用が一般的です。キャップには，あらかじめ電極を取り付けるための穴が開いています。そこにジェルを注ぎ，電極を差し込みます。キャップを使わない方法としては，粘度の高い導電ペーストなどを使用して，頭皮と電極を粘着させます。粘着が弱い場合は，サージカルテープなどで補強します。

導線を介して計測された信号は差動増幅器に入力されます。脳波を計測するには少なくとも三つ以上の電極が必要です。一つは**接地電極**（ground electrode）で，増幅器の基準電位点として使用されます。接地電極は頭皮上の適当な場所に設置します。この際，体動などでインピーダンスの変化が起こりにくい平らな場所が適しています。脳波は残り二つの電極に観測される信号の差分を取ったものです。差動増幅器は，入力された二つの信号を差分し増幅したものを出力します。二つのうち一方を記録電極，他方を**参照電極**（reference electrode）と呼びます。計測器の設定にもよりますが，一般的に複数の電極を用いて脳波を計測する場合は，参照電極は一つのみ指定します。したがって，すべての記録電極に対して，同じ参照電極が用いられます。参照電極の取り方については3.4 節で述べます。

差分増幅器から出力される信号は，時間的に連続な信号であるアナログ信号です。信号をディジタルデータとして保存するには，**アナログ–ディジタルコンバータ**（analogue-to-digital converter, **ADC**）によるディジタル信号への変換が必要です。ADC では，標本化と量子化が行われます。標本化とは，ある一定時間間隔で信号値を抽出して離散信号として収集する作業です。このときの時間間隔をサンプリング周期 T_s，その逆数をサンプリング周波数 f_s（単位〔Hz〕）と呼びます。さらに，抽出された値は量子化によって離散的な値に近似され，ディジタル信号に変換されます。

ADC 後のディジタル信号は，サンプリング定理に示されているように，アナログ信号が持つサンプリング周波数の半分の周波数以上の成分を保持することができません。この限界の周波数 $1/2f_s$ をナイキスト周波数と呼びます。ナイキスト周波数より高い周波数成分がアナログ信号に含まれている場合，折り返し雑音（エリアシング）と呼ばれる雑音がディジタル信号に混入します。したがって，ADC の前に，アナログ信号に対して高周波成分をローパスフィルタによって除去しなければなりません。ローパスフィルタの遮断周波数は ADC のサンプリング周波数によって調整します。例えば，ADC のサンプリング周波数が 500 Hz の場合，250 Hz 以下に設定します。また，ドリフトと呼ばれる緩やかなベースラインの変動をあらかじめ除去するために，0.1 Hz 以下の遮断周波数を持つハイパスフィルタをこの時点で適用する場合もあります。

ADC からコンピュータに入力された信号は，記録ソフトによって記録媒体に保存されます。もしくは，データ処理ソフトによってリアルタイムで処理されます。信号に加えて，トリガ信号も同様に保存したり，処理に使われたりします。トリガ信号は，計測信号のどのタイミングでイベントが起こったかを示す信号です。何らかのイベントが起こったタイミングで 0 からその他の値へ変わるように出力されるのが一般的です。また，視覚刺激を扱う場合は，フォトトランジスタなどの光センサを刺激呈示装置（モニタなど）に近づけ，トリガ信号と同時に脳波計で記録することで，輝度変化とトリガ信号の同期を取ることができます。

図 3.2 はその具体例を示しています。この例では，画面右上に四角形の領域を設け，その画素値を最小値（0）と最大値（255）の間でイベントに応じて切り替えます。画面が明るくなるとフォトトランジスタには電流が流れますので，直列につないだ抵抗における電圧が変化します。保存する場合は，計測データの取扱いをよくするために，計測信号の一つのチャネルとしてトリガ信号を記録する場合が多いようです。多くの脳波計測システムでは，トリガ信号を計測信号に取り込むことができます。図 3.1 では，指示・刺激呈示・フィードバッ

(a)　トリガを付けた呈示画面　　(b)　フォトセンサを設置

図 3.2　画面に表示したトリガとフォトセンサによるトリガ計測。右上の矩形を，タスクに応じて黒（画素値 0）と白（画素値 255）で切り替えます。矩形部分にフォトセンサを設置し，これをトリガ信号として脳波と同時に記録します

ク用コンピュータと記録・信号処理用コンピュータとして別のコンピュータを使用しています。これらの役割を一つのコンピュータに担わせることも可能ですが，二つの処理によってどちらかの作業で処理落ちが起こる可能性があります。また，刺激呈示のアプリケーションによっては計測中の信号表示ができなくなったりします。さらに，計測中の実験者の操作によって意図しない動作が起こる可能性があるため，これらのコンピュータは分けておくことを推奨します。

コーヒーブレイク

反応性・受動性の BCI を研究・実装するには，第 6 章や第 7 章で紹介する何らかの刺激により誘発された**事象関連電位**（event-related potentials, **ERP**）や**視覚誘発電位**（visual evoked potentials, **VEP**）を計測する必要があります。刺激を伴う実験課題を扱う場合，刺激と脳波を正確に同期して計測しなければいけません。例えば，刺激のオンセット時刻の記録が不正確でばらつきがあると，試行ごとに ERP が生じるタイミングがずれ，加算平均をしたときに ERP が打ち消されてしまう可能性があります。刺激呈示のオンセットを脳波と同期して計測する方法は使用する脳波計に依存します。従来は，刺激呈示用のプログラムから **TTL**（transistor transistor logic）などのトリガ信号を発生させ，パラレルポートを通して脳波計へ送信する方法が一般的でした。しかし，近年ではパラレル出力ができるコンピュータは珍しく，USB などのシリアル信号をサポートする計測器やソフトウェアにより同期を行う手段も開発されています。筆者の中西が所属する研究所で開発された Labstreaming layer（LSL; https://github.com/sccn/labstreaminglayer）というソフトウェアは，**ネットワーク・タイム・プロトコル**（network time protocol, **NTP**）に基づいて計測機器どうしを数 ms 以内の遅延で同期して記録することができます。また，LSL は脳波や刺激だけでなく，さまざまな計測機器（アイトラッカやモーションキャプチャなど）を同期して記録することができます。

音刺激で実施する場合は，呈示音と脳波の同期を取る必要があります。大切なことは，音を呈示する装置（コンピュータ）のサウンド出力を脳波アンプの外部入力に接続して，脳波と同時に呈示音も収録することです。この際，脳波アンプのサンプリング周波数にも注意する必要があります。呈示音が純粋ラ音（440 Hz）であれば，原理的にはサンプリング周波数が 880 Hz あれば問題ないのですが，音楽や音声を呈示音とする場合は，信号のスペクトルが広範囲にわたるため注意が必要です。その場合は，エリアシングが生じないように，刺激音にローパスフィルタをかけておくか，またはアンプのサンプリング周波数を高めに設定する必要があります。

いずれの手段においても，刺激と脳波が正確に同期されているかを確認してから実験を行うことをお勧めします。

3.3 電極の取り付け

BCI への利用では複数の電極を使って脳波を観測する場合が多くあります。複数の電極を使って観測する場合，**国際 10-20 法**（international ten-twenty system）[38]，**拡張 10-20 法**（extended ten-twenty systems）[39]，**10-10 法**（ten-ten system）[40]，**10-5 法**（ten-five system）[41,42] と呼ばれる電極配置に沿って電極を配置することが一般的です。これらの配置方法は頭蓋骨上の目印を基準とした相対的な距離によって頭皮上の位置を記述します。具体的には，国際 10-20 法の電極配置はつぎのように定められています。

まず，目印となる位置は，両目の間に位置する鼻根点，外後頭隆起の最後方突出部（後頭結節）です[38]。これらの目印に沿って頭蓋骨の断面を考え，この断面の周囲の長さを測ります。周囲の長さを，**図 3.3** のように 10%と 20%の間隔で分けます。そして，前から Fpz，Fz，Cz，Pz，Oz というラベルを付けます。つぎに左右両耳の耳介前点（耳の少し前の陥没点）を，Cz を通るように結び，この線を同様の比率で分割します。これらに，左から右にかけて T3，C3，Cz，C4，T4 というラベルを付けます。つぎに，Fpz から Oz まで，T3 を通るような線をこの比率で分割すると，前から後ろにかけて Fp1，F7，T3，T5，

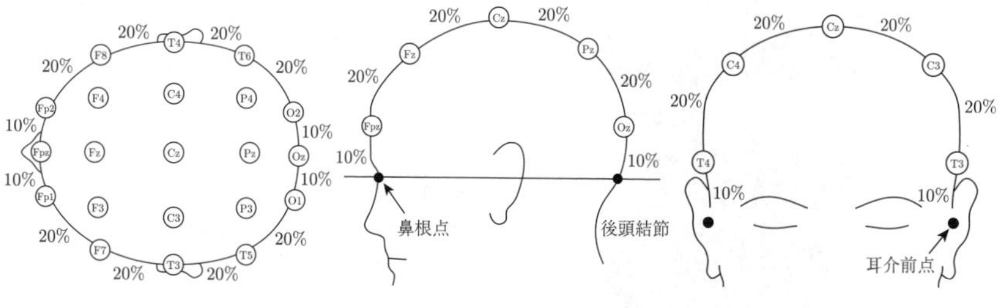

図 3.3　国際 10-20 法における電極位置の決め方

O1 とラベルを付けることができます。右半球も同様に Fp2，F8，T4，T6，O2 と付けます。右半球には偶数のインデックス，左半球には奇数のインデックスが付いています。さらに，Fp1 から O1 にかけて C3 を通る線を等分割したものが，前から Fp1，F3，C3，P3，O1 です。同様に右半球に関しても，Fp2，F4，C4，P4，O2 です。両耳の耳朶には，A1，A2 という電極名が付いています。近年，脳波計測は高密度化しており，64 電極測定法で用いられる 10-10 法[40]，128 電極測定法で用いられる 10-5 法などがあります[42]。

先に述べた配置を用いるのが一般的ですが，BCI の利用においては，この配置に沿ってすべての電極を設置する必要はありません。例えば，視覚野の活動を用いる SSVEP を利用する BCI（第 7 章で詳しく取り扱います）では，後頭部の電極に観測される信号を計測するだけで十分であることも多くあります。また，電極密度も 10-20 法などの配置に従う必要はなく，例えば，Oz を中心にして高密度で配置することも可能です。

専用の電極キャップを用いることで，より簡便に電極を配置することができます。電極キャップには，10-20 法の位置に電極を設置する穴が開いていたり，すでに電極が埋め込まれていたりします（**図 3.4**）。電極の設置にキャップを使う場合は，キャップをかぶせるときに位置合わせを，先に述べた目印に従って行います。鼻根点と外後頭隆起，両側の耳介前点が結んだ線で作る十字の交点

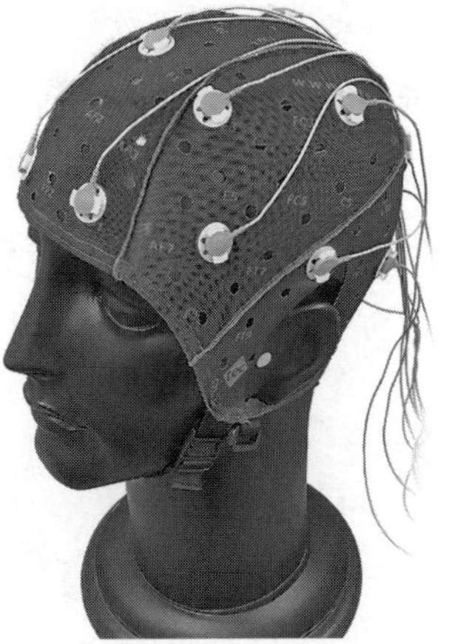

図 3.4　電極キャップ（g.tec medical engineering GmbH）と電極（株式会社ミユキ技研）。写真は株式会社ミユキ技研提供

に，Cz が位置するようにキャップをかぶせます。キャップの電極穴の位置と図 3.3 を照らし合わせ，大きな誤差がないことを確認します。ここで誤差が大きい場合は，キャップのサイズが合っていないため，適切なサイズに取り替える必要があります。

できるだけ雑音の少ない脳波を計測したいときは，実験前に実験参加者に洗髪をお願いしたほうがよいでしょう。洗髪によって頭皮の汚れを落とすことで，接触抵抗が下がり，雑音が小さくなる可能性があります。この際，計測前の洗髪では，リンスやコンディショナーを使ってはいけません。電極を設置する際は，電極と頭皮の間に毛髪が入り込むことがあるので，毛髪をかき分けてから，ジェルを挿入したり，電極を設置します。電極ジェルは，電極表面をカバーできる十分な量を塗布します。このとき，ジェルを多く付けすぎると，近くの電極にまでジェルが及び，正しい信号が計測できなくなる可能性があります。頭皮以外の部位の電極設置には，汚れを取り除くために，アルコールを含ませたガーゼで拭いたり，研磨剤などで軽くこすることで，接触抵抗値を下げます。

コーヒーブレイク

電極を取り付けるときには，電極が正しく取り付けられているかを確認しながら行います。取り付けがうまくいっているかどうかは，接触インピーダンスや波形を目視することによって判断します。接触インピーダンスは低ければ低いほど，低雑音の信号が計測できます。接触インピーダンスはできることなら 5～10 kΩ 以下（計測機器によって最小値の表示が異なります）に抑えることが望ましいです。接触インピーダンスの大きさを目視で推測するのは，難しく経験が必要です。接触インピーダンスが高い場合の信号は，スケールにもよりますが，雑音の振幅によって太く表示されます。複数電極の信号を観測できる場合，他と比べて信号が太く表示される電極は，接触インピーダンスが高い可能性があります。複数電極全体の接触インピーダンスが高い場合は，参照電極に原因があることが多いです。接触インピーダンスを下げるためには，一度電極を外して，髪をしっかりかき分けます。ジェルやペーストが頭皮にあたるように塗布し，電極を取り付けます。

接触インピーダンスを十分に下げて取り付けた後は，まばたきや口を噛み締めるなどの行動が信号に反映されるかを確かめます。また，α 波は生波形からでも

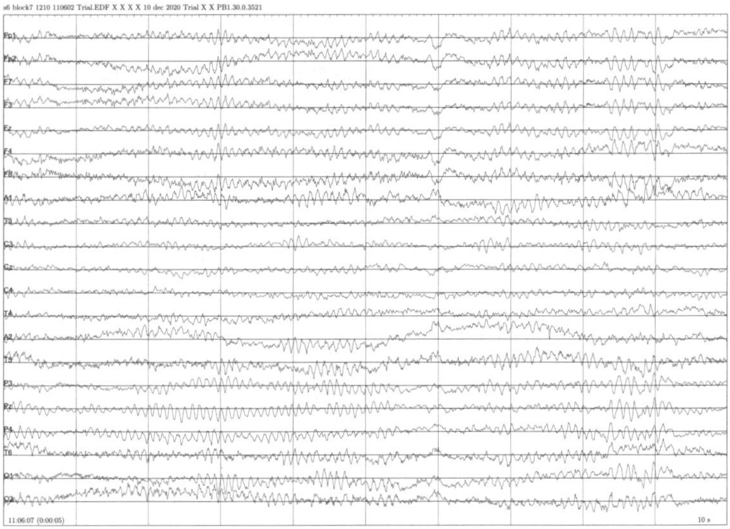

(a)　きちんと脳波が計測できている場合

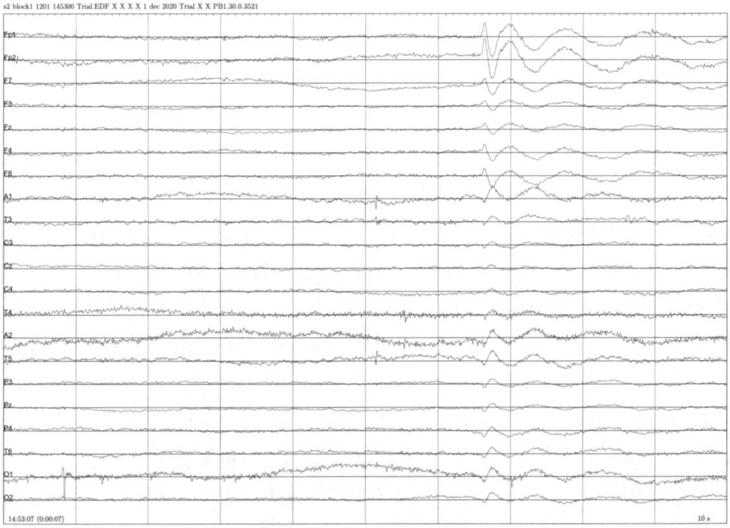

(b)　接触不良で脳波が計測できていない場合

図　脳波が計測できている例とできていない例

視認できます。目を閉じると α 波の振幅は大きくなります。

図に，脳波がうまく計測できている例と，そうでない例を示します。どちらも，50 Hz のノッチフィルタと，0.53〜60 Hz の帯域を持つ Butterworth 型のバンドパスフィルタを適用してあります。よい例（図 (a)）には，約 10 Hz で振動する成分である α 波（1 s 間に 10 回程度の振動を繰り返す波）が観測できます。一方で悪い例（図 (b)）には，脳波がまったくといっていいほど観測されていません。右側に大きく現れている波形の揺れは，体を動かしたことで混入したアーチファクトです。

3.4 参照電極

3.2 節で述べたように，脳波計測には参照電極を定める必要があります。参照電極で計測される電位は基準電位と呼ばれます。基準電位をどこに取るかによって，脳波の形状は大きく変わります。この基準電位の取り方を**モンタージュ**（montage）と呼び，**単極誘導法**（monopolar derivation）や**双極誘導法**（bipolar derivation）といった方法があります。

単極誘導法は，通常は**耳朶**（earlobe）に貼付した電極を基準電極とし，各電極の電圧とする方法です。他にも，**鼻尖**（nose tip），耳の後ろの突起である**乳様突起**（mastoid）などが参照電極の設置箇所として使われます。重要なことは，利用するアンプの出力がどこを基準としたものかをしっかり確認することです。耳朶には左の耳朶（A1），右の耳朶（A2）があるので，それぞれに電極を設置するのがよいでしょう。単極誘導法には，いくつかの流儀があり，以下のように分けることができます。

1. A1 を左半球の電極の参照電極，A2 を右半球の電極の参照電極とする方法。
2. A1 と A2 の和（A1+A2）または平均を全電極の参照電極とする方法。

アンプによっては，A1 と A2 の出力を記録できるものとできないものが存在するので注意が必要です。

双極誘導法は，隣接する2電極の差分を取る方法です。てんかんなどの脳疾患の診断で広く用いられます。てんかんの種類や病変部位を特定するために，さまざまなモンタージュがあります。

計測時には以上のように参照電極を定める必要があります。しかし，参照電極に雑音が大きく乗っている場合，その雑音が観測信号全体に影響を及ぼしてしまいます。そのような場合であっても，計測後に簡単に参照電極は変えることができます。参照電極の変更方法については，4.2節で紹介します。

3.5 雑 音 対 策

眼球運動，筋電，体動，心拍などに由来する信号や，測定環境に由来する信号は，脳活動に関連しない雑音として，計測信号に大きな影響を及ぼします。ここでは，計測時にどのような注意をすればこのような雑音の影響を小さくできるかについて述べます。

電源や電磁波などの影響を減らすために，シールドルームが使われることがあります。簡易的な金網のようなものから，防音や換気などの機能を備えたものまであります。さらに，シールドルーム内の電子機器（キーボードやマウスなど）から実験参加者を遠ざけることに注意します。実験中に，電子機器や机に触れる可能性がある場合は，実験前に触れることで，雑音が発生しないかを確かめます。

脳波に非常に大きな影響を与える雑音の一つは，まばたきに由来するものです。この雑音は，目の周辺（前頭部）の電極に山型の電位変化（**図3.5**）として観測されます。まばたきを止めることは生理的に不可能です。そのため，まばたきを行ってよい時間とまばたきを我慢する時間を設けます。まばたきを行ってもよい時間にまばたきを行うように実験参加者に依頼することで，まばたきの影響をできるだけ少なくします。例えば，タスクを行うまでのインターバルの間をまばたきを行ってよい時間とし，タスク実行中はできるだけまばたきを我慢してもらいます。ただし，この場合，実験参加者は二つのタスク（標的の

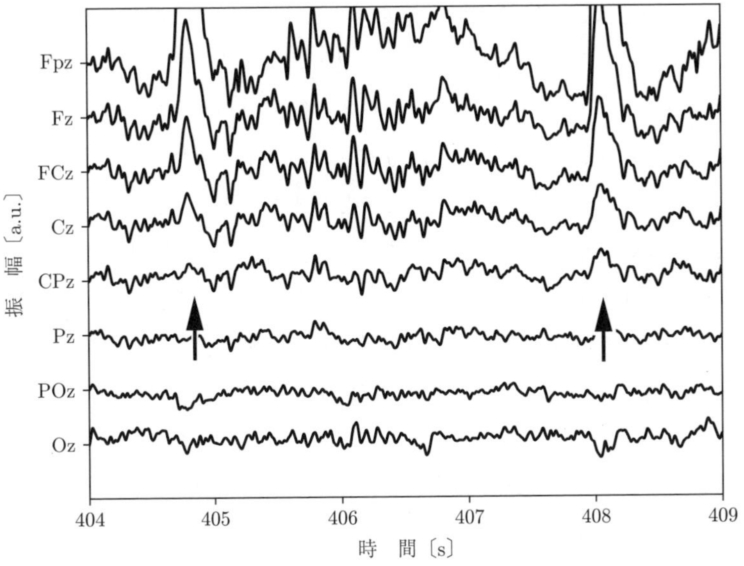

図 3.5　まばたきによる雑音の例。矢印の箇所でまばたきが発生しています。特に前頭部に位置する電極に，まばたきに起因する雑音が大きく混入していることがわかります

タスクとまばたきを抑制するタスク）を同時に行うことになり，計測したい脳活動も抑制されてしまう可能性があるため，注意が必要です。十分な数の試行を計測しておき，まばたきを含む試行を除去するなどの対策も考慮に入れるとよいでしょう。

また，視線の移動による眼球の回転も雑音の原因となります。眼球は角膜側がプラス，網膜側はマイナスに帯電しており，電位差が存在します。視線の移動によって眼球が回転すると，この電位差によって矩形波のような成分が脳波に混入します。この成分は眼電位と呼ばれており，眼球運動を計測する手段の一つです。しかし，脳波にとっては雑音成分であるため，視線の移動をできるだけ抑制する必要があります。視線移動の抑制には，ディスプレイ中央に何らかのマークを表示して，そこを見つめるように計測参加者に指示する方法が取られます。このマークは固視点と呼ばれ，十字マーク（+）がよく使われます。

実験参加者が姿勢を変えるなどの運動を行うと筋肉に由来する電位変化が発

生します。筋電は数 mV の電位変化です。これに対して，脳波の電位変化はたかだか数 μV であるので，筋電が脳波に混入すると波形を大きく変えてしまいます。脳波にとって，特に，頭部や首などの筋肉運動は大きな雑音源です。**図 3.6** は，脳波計測信号に混入した筋電成分の例です。これらは，実験参加者にできるだけ動かないように指示する対策をします。また，無駄な筋肉の緊張を引き起こさないような配慮も必要です。このために，適切な間隔で休憩をとることが必要です。最低でも 30 分に一度は休憩する時間を設けます。姿勢の固定を補助するヘッドレストや顎台の利用も有効です。また，姿勢の移動は，筋電の発生だけではなく，電極の剥離や電極線の揺れを引き起こします。これに由来する雑音を小さくするには，電極線を固定することが有効です。電極線を肩や椅子などにテープで貼り付けるなどして，電極線の揺れが，電極に到達しないようにします。

まれに心拍による電圧変化が頭皮上の電極に観測されることがあります。こ

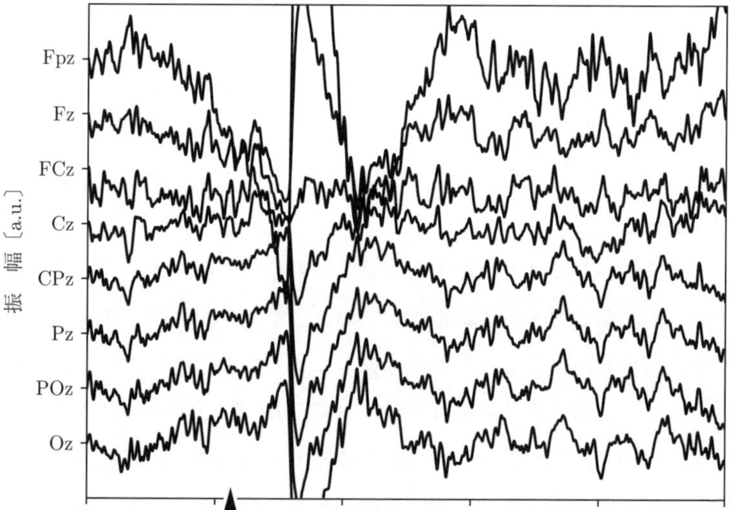

図 3.6　筋肉運動・体動による雑音の例。矢印の箇所で体動が発生しています

れは，非常に微弱ですが，周期的に現れるため山型の波が観測されれば，心拍によるものと考えられます。心拍は止めようがないため，除去するのは難しいです。複数の記録電極に観測されるようであれば，接地電極や参照電極の位置を少し変えることで，影響を減らすことができます。

3.6 倫理面の対応

研究用途で脳波を測定，保存する場合は，実験計画を策定し，所属機関の倫理委員会で承認を受ける必要があります。その際，必ず脳波データは匿名化し，脳波から個人を特定できないようにすることが求められます。実験参加者には，実験の目的やデータ用途，保存方法について文面で提示しながら説明し，同意書にサインを得るのが，一般的な手順です。学術誌に論文を投稿する場合，また科研費などの研究費申請においては，倫理対応に関する記述が必須であるので注意する必要があります。

3.7 む す び

本章では，頭皮脳波の発生原理，脳波計測に必要な装置，計測の手順，計測の際の注意事項などを紹介しました。脳波を正しく計測するためには，上で述べた機器の設定のほかにも，実験参加者の疲労や集中力にも配慮しなければいけません。カメラなどを利用して，参加者の状態をつねに把握するようにしましょう。また，計測中の波形をつねにモニタリングすることで，まばたきの回数や α 波の変化を観察することで，疲労度を推測することができます。信号の状態や参加者の状態につねに気を配りながら，脳波計測を行います。

4 前処理と特徴抽出

Next SIP

前章では雑音をできるだけ抑えて脳波を計測する方法を述べました。しかし，いくら雑音を少なく抑えても，波形を見るだけでは信号に含まれる意味のあるパターンを発見することは困難です。本章は記録した脳波に対して何らかの処理を行い，雑音をできるだけ除去し，意味のあるパターンを抽出する方法を紹介します。なお，本章ではさまざまな信号処理手法を脳波に適用するための手順を述べますが，手法の詳細については述べません。こちらは第 2 章を参照してください。

BCI における信号処理では，前処理と特徴抽出に分けて書かれることがあります。ただし，この二つに本質的な違いはありません。例えば，前処理を雑音成分の除去，特徴抽出を特定のタスクに関連する特徴成分の抽出と定義するとします。この二つは，雑音に焦点を当てるか，特徴成分に焦点を当てるかの違いだけで，実質的には同じことをいっています。したがって，前処理と特徴抽出のための信号処理を明確に区別しません。

4.1 脳波における観測モデル

脳波に対する信号処理を紹介する前に，脳波に対する処理の前提となる考え方について述べます。3.1 節で述べたように，神経の電気的活動が重畳した信号は，頭蓋や頭皮を伝達して，脳波として観測されます。あるタスクや状態に関連する神経活動が生み出す信号を信号源と呼びます。脳波の信号処理とは，観測された脳波から信号源を推定する処理であるといえます。ただし，ここで考える信号源が，実際に脳内で観測されるわけではありません。観測信号と矛盾がない，仮想的な「信号源」をおいて，観測過程をモデル化することで，数理的に処理を考えることができます。

信号源の観測過程を

$$x_m[n] = a_m s[n] + \eta_m[n] \tag{4.1}$$

と記述することにします。n は時間を表すインデックス，m は電極を表すインデックス，$s[n]$ が信号源，a_m が信号源から電極までの伝達関数，$\eta_m[n]$ は雑音を表します。このとき雑音 $\eta_m[n]$ は計測雑音に限りません。神経活動に起因する信号であっても，タスクや状態に関連しないもの（背景脳波）は雑音として扱われます。また，このモデルは，観測過程に反射や時間遅延などは含まれていないことを仮定しています。

観測信号 $x_m[n]$ が与えられたとき，未知の信号源 $s[n]$ を推定するにはさまざまな方法があります。多チャネル脳波は時間と，空間的な位置である電極を表すインデックスを持ちます。このため，ほとんどの信号処理は時間領域か空間領域におけるモデル，もしくは二つを組み合わせたもので表すことができます。

信号源 $s[n]$ の波形や周波数成分に特徴的なパターンがある場合は，時間領域での処理が有効です。この場合，異なる時間サンプル点で観測された信号を入力とした線形モデル

$$\begin{aligned} y[n] &= w_0 + w_1 x_m[n] + w_2 x_m[n-1] + \cdots + w_L x_m[n-L+1] \\ &= \boldsymbol{w}^T \boldsymbol{x}_m[n] \end{aligned} \tag{4.2}$$

によって未知の信号源を推定します。ここで, $\boldsymbol{w} = [w_0, w_1, \cdots, w_L]^T$, $\boldsymbol{x}_m[n] = [1, x_m[n], x_m[n-1], \cdots, x_m[n-L+1]]^T$，$L$ はサンプル点数であるため，処理に必要な計測時間に対応します。時間領域における処理は，トライアル間の平均といった処理も含みます。また，周波数領域における処理と等価に考えることができるため，周波数領域の処理としても考えることができます。時間・周波数領域における処理はフィルタ（4.3 節），ベースライン補正（4.4 節），ダ

ウンサンプリング（4.5 節），加算平均（4.8 節），周波数特徴の抽出（4.9 節），事象関連脱同期（4.11 節）などがあります。

信号源 $s[n]$ の空間的な分布，つまり a_m に特徴的なパターンがある場合は，空間領域での処理が有効です。この場合，異なる電極で観測された信号を入力とした線形モデル

$$\begin{aligned} y[n] &= w_0 + w_1 x_1[n] + w_2 x_2[n] + \cdots + w_M x_M[n] \\ &= \boldsymbol{w}^T \boldsymbol{x}[n] \end{aligned} \tag{4.3}$$

で表されます。ここで，$\boldsymbol{w} = [w_0, w_1, \cdots, w_M]^T$，$\boldsymbol{x}[n] = [1, x_1[n], x_2[n], \cdots, x_M[n]]^T$，$M$ は処理に使われるチャネル数です。これは，多チャネルの観測を適当な重みを付けて平均すれば，信号源に近いものが得られるであろう，という考え方によります。また，周波数フィルタと対応させて，空間フィルタと呼ばれることもあります。空間領域における処理は，基準電位の再参照（4.2 節），PCA（4.7.1 項），ICA（4.7.2 項），同期解析（4.10 節），信号源解析（4.12 節）などがあります。

4.2 基準電位の再参照

再参照は信号どうしの加算によって行います。電極 1 と 2 のそれぞれにおける電位 $v_1[n], v_2[n]$ を基準電位 $v_{\mathrm{ref}}[n]$ によって記録した信号 $x_1[n], x_2[n]$ は

$$x_1[n] = v_1[n] - v_{\mathrm{ref}}[n], \quad x_2[n] = v_2[n] - v_{\mathrm{ref}}[n] \tag{4.4}$$

と表すことができます。ディジタルデータとして記録される観測信号は，$x_1[n]$ と $x_2[n]$ であることに注意します。

電極 2 を基準電位として再参照した電極 1 の信号 $x_1'[n]$ は

$$\begin{aligned} x_1'[n] &= v_1[n] - v_2[n] \\ &= (x_1[n] + v_{\mathrm{ref}}[n]) - (x_2[n] + v_{\mathrm{ref}}[n]) \end{aligned}$$

$$= x_1[n] - x_2[n] \tag{4.5}$$

と表すことができます。つまり，二つの観測信号の差分で求めることができます。

どの電極を基準電位として用いるかによって，3.4 節で述べた単極誘導や双極誘導を使った信号を得ることができます。これらのほかにも，ある電極群の平均電位を基準電位として用いることを**共通平均参照**（common average reference, **CAR**）と呼びます[43)]。CAR は

$$x_i'[n] = x_i[n] - \frac{1}{M}\sum_{j=1}^{M} x_j[n] \tag{4.6}$$

と定義されます。

近傍電極の平均電位を基準電位として用いる方法は**ラプラシアンフィルタ**（Laplacian filter）[44)] と呼ばれます。ラプラシアンフィルタによる再参照は，電極 i と電極 j との相対距離によって決定される重み $g_{i,j}$ によって

$$x_i'[n] = x_i[n] - \sum_{j=1}^{M} g_{i,j} x_j[n] \tag{4.7}$$

と求めることができます。ここで，$g_{i,j}$ は，$\displaystyle\sum_{j=1}^{M} g_{i,j} = 1$，かつ，相対的な距離が小さいほど大きくなるように設定します。この再参照によって対象電極下で発生する電位を強調することができるため，一種の空間的なハイパスフィルタと考えることができます[43)]。特徴的な成分が空間的にどのように分布するかがわかれば，適した重み $g_{i,j}$ を求めることができます。以上の参照信号の取り方を**図 4.1** に示します。

基準電位を設定する方法をいくつか述べましたが，それでは，どの電極（群）で観測された電位を基準として用いればよいでしょうか。信号対雑音比（SN 比）の観点では，参照信号として多くの電極間で平均を取った場合，参照信号自体の SN 比は大きくなるため，全電極平均が有利です。特に，第 7 章で紹介する視覚誘発電位のような，ある脳部位だけに局所的に観測される成分の観測には，全電極平均による再参照が用いられます。しかし，第 6 章で紹介する事

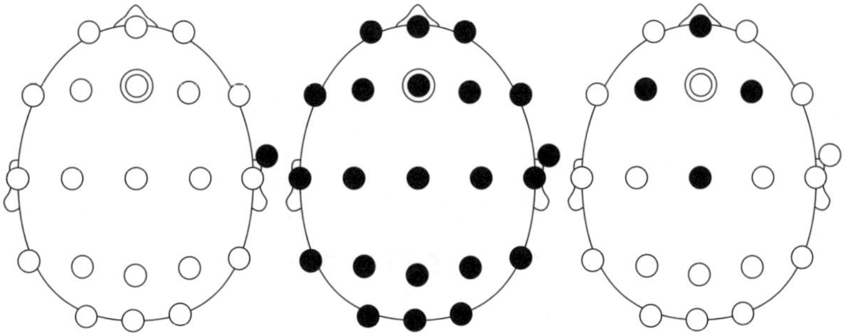

図 **4.1**　さまざまな再参照の方法。二重丸がターゲットとなる電極信号，黒で塗りつぶしているのが参照信号の計算に使われる電極です。左から耳朶信号を参照信号として使ったもの，共通平均参照，ラプラシアンフィルタです

象関連電位のような，ある程度広範囲の脳部位に発生する成分を観測する場合，参照信号は特徴成分を含みます。したがって，全電極平均による再参照によって観測したい成分のパワーが小さくなる可能性があります。このため，事象関連電位や α リズムなどを観測する場合は，耳朶信号を参照信号として用いる場合が多いようです。

4.3　周波数フィルタリング

周波数フィルタリング（フィルタ処理）はある周波数成分を遮断し，ほしい周波数成分のみを残す方法です。原理や実装方法は 2.2 節を参照してください。ここでは，BCI の雑音除去や特徴抽出において，どのようにフィルタを使用するのかを述べます。

脳波を処理する際に，一番最初に適応するフィルタはハムノイズを除去するためのノッチフィルタでしょう。ハムノイズは商用交流電源に由来する雑音で，電源雑音とも呼ばれます。脳波信号自体が μV オーダーと非常にパワーが小さいため，かなり大きな雑音として混入します。電源ノイズは目視でもわかるので，一定周期（東日本は 50 Hz，西日本は 60 Hz）の波が大きく観測される場合は，電源ノイズが混入していると考えて間違いないでしょう。電源ノイズの

帯域は狭いため，電源周波数を中心とした狭帯域を遮断することでノイズを除去します。このような狭帯域を遮断するフィルタをノッチフィルタと呼びます。電源ノイズは脳波計のフィルタや計測ソフトによって，信号取得時に除去されていることもあります。

直流成分やなだらかに変化するドリフト成分や不要な高周波成分を除去するために，前処理の段階でバンドパスフィルタを適用する場合があります。下側遮断周波数は 1 Hz 以下，上側遮断周波数は 30〜100 Hz が用いられることが多いようです[45)]。**図 4.2** 左の信号に，通過帯域 0.5〜30 Hz の 9 次 Butterworth フィルタを適用した信号を図 4.2 右に示します。適用前は大きな直流成分が乗っており，振幅が非常に高い値です。適用後はこの直流成分が除去されて，±10 μV 付近に信号値が収まっています。

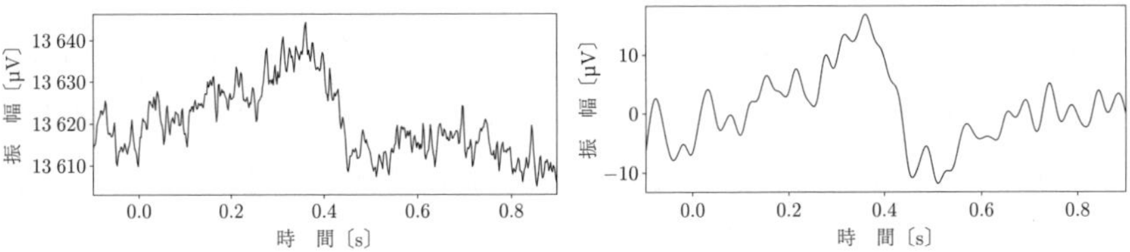

図 4.2　フィルタ処理前（左）と後（右）の信号。横軸が刺激呈示からの経過時間で，0 s が刺激のオンセットを表します。0.5〜30 Hz の通過帯域を持つバンドパスフィルタを適用しています

コーヒーブレイク

フィルタリングの際には，パスバンドとストップバンドの周波数（フィルタの仕様）を決めた後に，フィルタの設計法（「FIR か IIR か」，「設計アルゴリズム」，「フィルタのオーダー」）を設計者が選択する必要があります。2.2 節で述べたように，設計者はさまざまなメリット・デメリットを勘案して，設計法を選ぶことになります。いずれにせよ，フィルタ設定で最も大切なパラメータは周波数でしょう。「サンプリング周波数が f_s〔Hz〕のとき，f_1〔Hz〕から f_2〔Hz〕の範囲の成分を取り出したい」といった具合です。

では，具体的にはツールでどのようにパラメータを設定すればよいでしょうか。実は設計ツールによって，指定する周波数の単位が異なるので，注意が必要です。MATLAB や Python/Scipy（scipy.signal）のフィルタ設計関数では，正規化角

周波数を $w \times \pi$〔rad〕の形式で表したときの w を指定する仕様になっています。サンプリング周波数 $f_s = 1\,000$〔Hz〕に対して，$f = 0.5$〔Hz〕であれば，正規化角周波数は $2\pi f/f_s$〔rad〕なので，$w = 2f/f_s = 2 \times 0.5/1\,000 = 0.001$ となります。一方で，Python の生体信号処理ライブラリ MNE に実装されている関数 `mne.filter.filter_data` では，周波数を Hz で引数に渡す仕様になっています。関数の引数が指定する単位を間違えると，思いもよらないフィルタができあがってしまうので要注意です。

4.4 ベースライン補正

脳波信号には，電極の揺れや接触インピーダンスの変化などの影響で，低周波数領域に雑音が乗りやすい傾向があります。このような低周波数成分をベースラインとして抽出し，信号から減算する処理をベースライン補正と呼びます。

ベースライン補正はエポックごとに行われます。エポックとは，あるタスクを 1 回行ったときの期間のことです。エポックに観測される信号をエポック信号と呼びます。エポック信号の平均をベースラインとして補正する方法は

$$x'_i[n] = x_i[n] - \frac{1}{N}\sum_{n'=1}^{N} x_i[n'] \tag{4.8}$$

と定式化されます。ただし，この方法では，タスクに関連する直流成分もベースラインに含まれるため，タスクに関連する成分のパワーが弱くなる可能性があります。そこで，タスクが始まる前に観測された信号をベースラインとする方法がよく使われます。エポック時間 $n = 0$ でタスクを開始するとします。このとき，$N_b T_s$〔s〕前に観測された信号の平均をベースラインとして補正するには

$$x'_i[n] = x_i[n] - \frac{1}{N_b}\sum_{n'=-N_b}^{-1} x_i[n'] \tag{4.9}$$

とします。ベースラインを求める際の時間窓の長さ（$N_b T_s$〔s〕）は，タスク間

間隔†にもよりますが，0.1 s から 1 s がよく用いられます（→ p.99 コーヒーブレイク）。

図 4.3 にベースライン補正適用後の信号を示します。刺激呈示の 0.1 s 前から 0 s 前までの時間窓でベースラインを求め，補正したものです。この補正によって，各試行の信号における刺激オンセット付近で振幅がほぼ 0 になり，刺激による（もしくはタスクによる）変化のみが残ります。

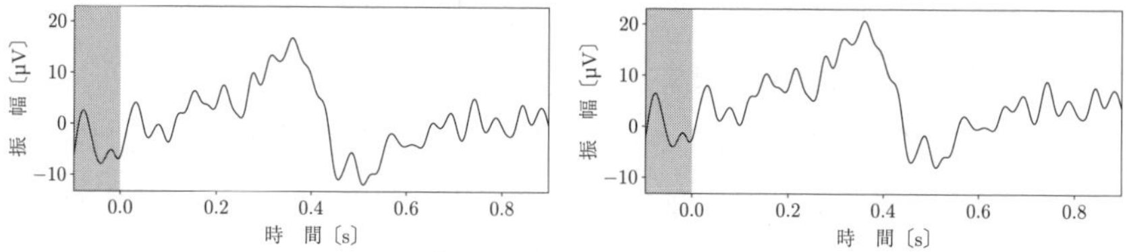

図 4.3　ベースライン補正前（左）と後（右）の信号。網掛けになっている部分がベースラインを求める際に用いた時間窓です

コーヒーブレイク

脳波計そのものや個々の実験参加者には，脳波に特有のバイアスがかかっています。したがって，これをベースラインとして計測信号から減算することが望ましいです。本文で述べたように，タスク開始前の短い時間をベースラインにすることが多いですが，実際のアプリケーションではタスク開始の指示があるとは限らないので，計測を開始する前に，安静時の基準脳波を計測し，その時間平均値をベースラインとする流儀もあります。特に，オンラインで実際のデバイスに実装する場合は，脳波計の装着後に基準脳波を計測する必要があるでしょう。この場合の基準脳波の計測時間には文献によって幅があります。多くの文献は，1〜3 分程度に設定しています。また何をもって安静時の脳波とするかですが，実験参加者にリラックスさせる点は共通ですが，閉眼させる（例えば文献46)），画面上の固視点を注視させる（例えば文献47)），これらの動作を交互にさせる（例えば文献48),49)）などの指示の方法があります。

† エポックの開始が刺激によって誘導される場合は，**刺激間間隔**（interstimulus interval, **ISI**）と呼ばれます。

4.5 ダウンサンプリング

信号のサンプリング周波数を小さくする処理は，データ量を削減するためによく使われます。この処理はダウンサンプリングと呼ばれます。一番簡単な方法は，信号を等間隔で間引いて行く方法です。例えば，1 000 Hz でサンプリングされた信号を，時間方向に一つ飛ばしで間引いていくと，サンプリング周波数が 500 Hz の信号が得られます。

ダウンサンプリングを行うときは，エリアシングに注意します。元の信号がナイキスト周波数である 250 Hz 以上の成分を持つ場合，500 Hz にダウンサンプリングするとエリアシングと呼ばれる雑音が発生します。そこで，ダウンサンプリングの前に，ダウンサンプリング後のナイキスト周波数をカットオフ周波数とするローパスフィルタをかけます。

単純な間引きで所望のサンプリング周波数が得られない場合は，どうすればよいでしょうか。例えば，1 000 Hz の信号を 600 Hz にダウンサンプリングする場合，間引きでは対応できません。これを行う方法の一つは，一度アップサンプリングする方法です。まず，ダウンサンプリング前後の周波数の最小公倍数によって，アップサンプリングします。アップサンプリング後の信号値は，標本点に近い信号値を使うか，補間などの手法を用いて求めます。その後，ダウンサンプリング後の周波数に合うように，信号の間引きを行います。

もう一つは，周波数領域における処理です。この処理では，信号を離散フーリエ変換によって周波数領域に変換します。変換後の信号は対称になっているので，高周波成分に対応する下側と上側の信号点を，ダウンサンプリング後の周波数に合わせて取り除きます。取り除いた後の周波数領域における信号を，逆離散フーリエ変換し，時間領域における信号を得ます。例えば，1 000 Hz でサンプリングされた 1 s 間の信号を離散フーリエ変換すると，1 000 個の標本値からなる信号が得られます。最初の 200 個と最後の 200 個を取り除くと，標本値は 600 個になります。これを逆離散フーリエ変換すれば，サンプリング周波数が 600 Hz の信号を得ることができます。

4.6 雑音区間の除外

試行や時間区間，電極を解析対象から取り除く処理を**除外**（rejection）と呼びます。除外が必要な場面は，非常に大きな雑音成分が混入しているときです。雑音が視認できるほど大きいのであれば，試行，時間区間，チャネルごと取り除く場合もあります。ただし，目視よる除外は熟練が必要です。また，BCI に必要なリアルタイム処理は困難です。

雑音のパワーが大きいと仮定される場合，フィルタリング，ベースライン補正後の信号の振幅があるしきい値を超える場合，除外します。この場合，しきい値を 50〜100 μV とし，これを超える時間区間を除去します。

しきい値処理の対象は脳波信号だけとは限りません。脳波と同時に，**筋電位**（electromyography, **EMG**）や**眼電位**（electrooculography, **EOG**）を計測しておけば，雑音を誘発する運動の発生を容易に検知することができます。以下に，眼電位計測を用いた，まばたきによる雑音の検知の手順例を示します。まばたきの発生を検知するためには，目の上部と下部に電極を設置し，ダイポール計測を行います。この信号は **vEOG**（vertical EOG）と呼ばれます。vEOG がしきい値を超えた区間を雑音発生区間として，解析から除外します。**図 4.4** に vEOG と，それと同時刻に観測された脳波信号を示します。図 4.3 と比べると，非常に大きな雑音が脳波信号に混入していることがわかります。

vEOG とは逆に，目の左右に電極を設置してダイポール計測された信号は

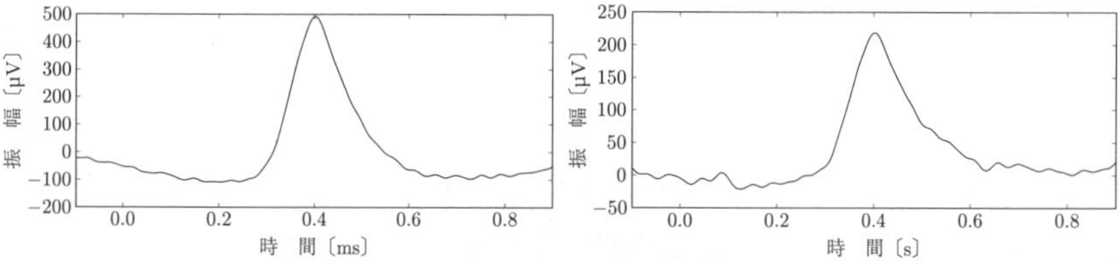

図 4.4 眼電位 vEOG（左）と同時刻に電極 Fpz に観測された脳波（右）

hEOG（horizontal EOG）と呼ばれます。電極を鼻の付け根に設置することは難しいため，左右のこめかみあたりに電極を設置します。hEOG は眼球運動による電位変化を測定することができます。また，筋電位は，脳波に混入しやすい箇所（例えば，顎，首，肩，腕）で計測します。これらの雑音検知用の信号を基に，特定の時間区間の除外を行います。

4.7 雑音除去

本書では**雑音除去**（noise removal）を「雑音成分を分離して，信号を再構成すること」と定義します。この定義によれば，ある特定の周波数成分を取り除くフィルタリングも雑音除去の方法の一つです。周波数領域における処理は 4.3 節や 4.9 節に譲ります。ここでは，周波数特性のなどの知識を使わずに，観測信号そのものの特性を利用して信号を分解し，再構成する方法を述べます。

4.7.1 主成分分析

2.4.1 項で紹介した PCA を用いた雑音除去の手順を述べます。M チャネル信号 $\boldsymbol{x}[n] \in \mathbb{R}^M,\ n = 0, 1, \cdots, N-1$ に対して，分散共分散行列を

$$\boldsymbol{V} = \frac{1}{N-1} \sum_{n=0}^{N-1} (\boldsymbol{x}[n] - \bar{\boldsymbol{x}})(\boldsymbol{x}[n] - \bar{\boldsymbol{x}})^T \tag{4.10}$$

と求めます。ここで，$\bar{\boldsymbol{x}} = \dfrac{1}{N} \displaystyle\sum_{n=0}^{N-1} \boldsymbol{x}[n]$ です。固有値分解によって主成分への射影ベクトル $\{\boldsymbol{w}_m\}_{m=1}^{M}$ を得ます。

PCA によって不要成分を除去するにあたって，観測モデル

$$x_m[n] = p_m[n] + q_m[n] \tag{4.11}$$

を考えます。ここで，$x_m[n]$ は m 番目の電極で観測した信号であり，$p_m[n]$ と $q_m[n]$ という性質の異なる成分が同時に観測されたと考えます。さらに，$p_m[n]$ は $q_m[n]$ より信号強度が非常に強い，つまり

$$E[|p_m[n]|^2] \gg E[|q_m[n]|^2]$$

とします。ここで，$E[\cdot]$ は期待値を表します。この観測モデルでは，つぎの二通りの考え方ができます。

一つ目は，非常に強い強度の共通成分が混入している場合です。例えば，前頭部で観測した脳波には，まばたきや眼球の運動による電位が強く観測されることがあります。この場合，$p_m[n]$ は共通の不要成分 $s[n]$ であるとみなします。$s[n]$ が各電極で現れる強度は異なるため，この強度を a_i とすると

$$p_m[n] = a_m s[n]$$

と書くことができます。このとき，第 1 主成分 $y_1[n]$ は $s[n]$ のよい近似となっているため

$$\boldsymbol{p}[n] \approx y_1[n]\boldsymbol{w}_1[n]$$

と近似できます。ここで

$$\boldsymbol{p}[n] = [p_1[n], p_2[n], \cdots, p_M[n]]^T$$

です。この成分を除去した

$$\boldsymbol{q}[n] = [q_1[n], q_2[n], \cdots, q_M[n]]^T$$

を得るには，下位の固有ベクトルが張る部分空間（マイナー部分空間）に観測信号をつぎのように射影します。

$$\boldsymbol{q}[n] \approx \bar{\boldsymbol{W}}\bar{\boldsymbol{W}}^T\boldsymbol{x}[n] \tag{4.12}$$

ここで，$\bar{\boldsymbol{W}}$ は，$\boldsymbol{u}_1$ を除いた PCA の射影ベクトルで，$\bar{\boldsymbol{W}} = [\boldsymbol{w}_2, \boldsymbol{w}_3, \cdots, \boldsymbol{w}_M]$ です。

この考え方で，図 3.5 に示すまばたきによる雑音を除去した例が**図 4.5** です。左図の一番下（破線）が第 1 主成分です。信号強度が高く，まばたきの成分が

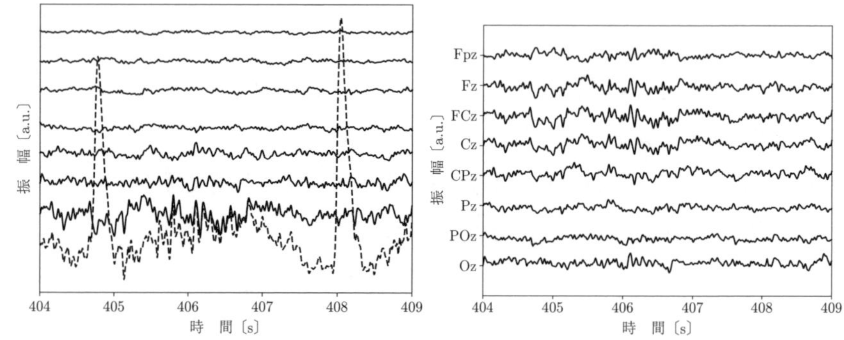

図 4.5　主成分（左）と，第 1 主成分を除いて再構成した信号（右）

含まれていることがわかります。そこで，第 1 主成分を除いて，信号を変換した結果が右図となり，まばたきに起因する大きな振幅の変動が除去できていることがわかります。

二つ目は，$p_m[n]$ を所望の脳波成分とする考え方です。この場合，観測雑音などの不要成分が $q_m[n]$ として，観測信号 $x_m[n]$ に混入しています。これは，通信工学や音声の分野における，信号部分空間と雑音部分空間の分離の考え方と同一です。つまり，信号部分空間の次元を r としたとき，信号部分空間の正規直交基底を与える行列（r 番目の主成分に対応する重みベクトルを並べた行列）$\bar{\boldsymbol{W}} = [\boldsymbol{w}_1, \boldsymbol{w}_2, \cdots, \boldsymbol{w}_r]$ を用いることで

$$\boldsymbol{p}[n] \approx \bar{\boldsymbol{W}}\bar{\boldsymbol{W}}^T\boldsymbol{x}[n] \tag{4.13}$$

を得ます。脳波に適用する場合，信号部分空間の次元 r は一般的にはわかりません。したがって，例えば，固有値のしきい値を設定して，ある程度高い固有値に対応する主成分を $\bar{\boldsymbol{W}}$ として残す，といった方法があります。

4.7.2　独立成分分析

2.4.3 項で紹介した ICA を用いた雑音除去の手順を述べます。ICA は，多チャネルの観測信号を，統計的に独立な成分へ分離する方法です。分離行列 $\boldsymbol{W}$ が何らかの方法で求まり，独立成分が

$$\boldsymbol{y}[n] = \boldsymbol{W}\boldsymbol{x}[n] \tag{4.14}$$

のように得られているとします。

得られた独立成分のうち，いくつかの成分が，まばたき，筋電，脈拍などに起因する雑音に対応する問題を考えます。2.4.3 項で述べたように，独立成分の順番や振幅は任意なので，前項の PCA のように信号強度を手がかりに雑音成分を特定することはできません。独立成分のうち，どの成分が雑音源に起因するものかを調べる最も素朴な方法は，目視によって雑音成分に対応する独立成分を見つける方法です。例えば，なだらかに変化する成分は電極の揺れやインピーダンスの変化によるものと考えられますし，数百 ms で山型に変化する成分はまばたきによるものと考えられます。目視による検査は，ある程度経験が必要ですが，非常に有効な方法です。他の特定方法は，雑音源に近い信号との相関を取る方法です。例えば，目の上下左右に付けた EOG 電極は，まばたきや眼球の運動に起因する雑音をよく拾います。EOG と各独立成分との相関係数を計算し，相関が一番高い独立成分を，雑音源に由来する成分であると特定します。

雑音源に起因する独立成分（複数あってもよいです）が特定できたら，対応する独立成分を $y_i[n] = 0$ と置き換えて，$\tilde{\boldsymbol{y}}[n]$ とします。これを再びチャネル信号として

$$\tilde{\boldsymbol{x}}[t] = \boldsymbol{W}^{-1}\tilde{\boldsymbol{y}}[t] \tag{4.15}$$

と再構成します。

図 3.5 に示したまばたきに起因する雑音を，ICA によって除去した例を**図 4.6** に示します。fastICA[30] によって独立成分へ分解しました。左図の破線で示される独立成分が，vEOG と最も相関が高い成分です。この成分を 0 として，再構成した信号が右図です。まばたきによる急激な電位の変化を除去できていることがわかります。

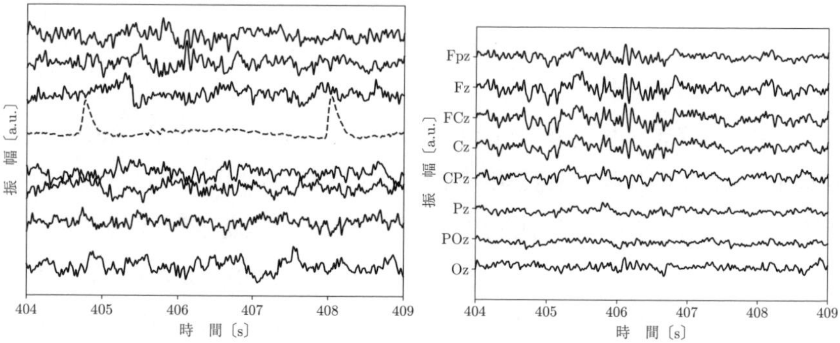

図 4.6　独立成分（左）と，vEOG と相関の高い成分を除いて再構成した信号（右）

4.8　加　算　平　均

加算平均法は，事象（刺激やタスク）を複数回呈示したときの観測信号を平均することで，SN 比を改善する方法です。加算平均法の原理を**図 4.7** に示します。雑音は各試行ごとにランダムに発生します。これを加算すると相殺され

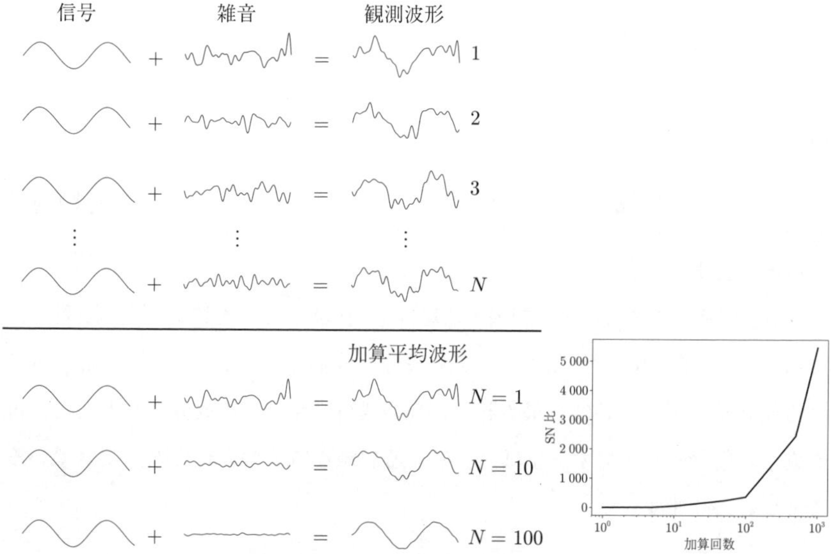

図 4.7　加算平均法の原理

て平坦になります。一方で，すべての事象において同じような応答をする信号成分は，加算によって相殺されることありません。図 4.7 右に示すように加算回数を増やすことで，SN 比は大きくなります。

時系列信号に対して加算平均を行う場合，事象に対してつねに特定の潜時・振幅で出現する成分のみを抽出します。したがって，**図 4.8** に示すように，抽出したい信号の位相が試行間で異なる場合，単純な加算平均では抽出することはできません。雑音と同様に，加算平均すると信号が 0 になります。このような位相がランダムな成分を**誘導電位**（induced potentials）と呼びます。一方で，事象に対してつねに特定の潜時・振幅で出現する成分を**誘発電位**（evoked potentials）と呼びます。

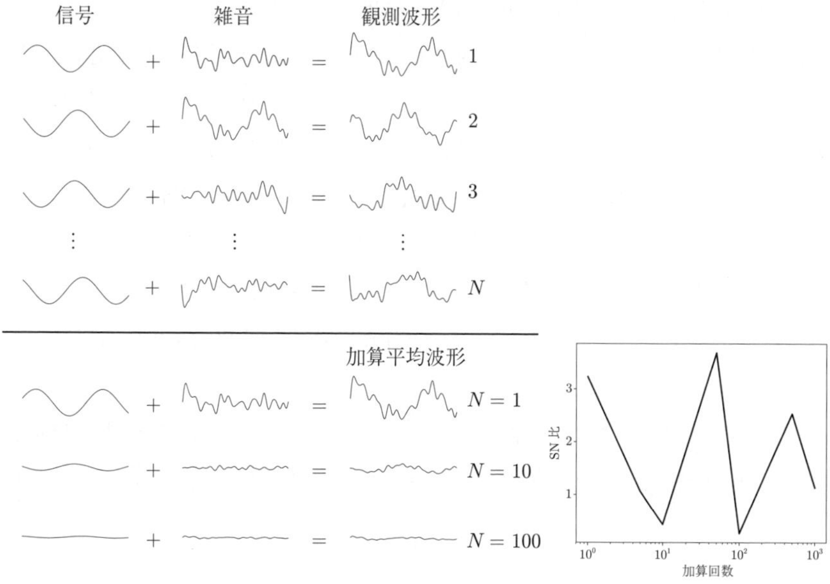

図 4.8　誘導電位の加算平均結果

α リズムなどのリズム成分は，実験者が位相をコントロールすることができないため誘導電位です。リズム成分といったある特定の周波数帯域に出現する特徴を加算平均によって観察するためには，包絡線とパワースペクトルを使った方法があります。包絡線を用いる場合，バンドパスフィルタを用いて所望の帯域の成分を抽出し，その信号の包絡線，もしくは単純に信号を 2 乗してパワーを求めます。求まった信号を試行間で平均します。パワースペクトルを用いる場合は，離散フーリエ変換などで信号のパワースペクトルを求め，その後，加算平均します。しかし，これらの方法では，当然ながら，他の誘導電位，例えば，事象に関連しないリズム成分などのパワーも加算平均によって上昇します。したがって，バンドパスフィルタといった適切な前処理が必要です。

BCI 研究ではあまり使われませんが，神経科学分野では，複数の実験参加者から得られた加算平均波形をさらに加算平均した**総加算平均波形**（grand average waveform）を図示することがあります。総加算平均波形は個人差や測定環境差の影響を取り除いた信号を観測するために用いられます。

ある信号を加算平均法によって抽出するために，何回の試行回数が必要かは，難しい問題です。試行回数は SN 比を計算することができれば，ある程度の目安をつけることができます。図 4.7 に示した例では抽出したい信号が既知であるため，SN 比を計算できましたが，脳波の場合，ほとんどの状況で抽出したい信号は未知です。したがって，加算回数の選定は経験的に行うしかありません。一般的に，事象関連電位を目視で確認できるまで SN 比を上げるには，100 試行程度の加算平均が必要です。また，BCI において加算平均を用いる場合，加算回数を増やすと精度のよい識別ができる可能性は上がります。しかし，その分，試行を取得するために時間がかかります。そのため，判別に要する時間が長くなり，情報転送速度が下がり，インタフェースとして使いづらくなってしまいます。

4.9　周波数特徴の抽出

ある周波数帯域のパワーに着目する周波数解析は基本的な解析のアプローチです。周波数解析が有用な理由は，脳活動が律動性を持っていることにあります。視床と呼ばれる脳深部における視床ニューロンは周期的に分極・脱分極を起こしており，これが錐体細胞の電位変動を引き起こしています。これらの電位変動が同期的に加重されて律動的な成分が発生します。このような律動的な成分を脳波リズムと呼びます。脳波リズムの詳しい発生メカニズムは文献 50) などを参考にしてください。

表 4.1 に示すように，脳波リズムは帯域によって名前が付けられており，それらのいくつかは認知機能との関連が示されています。実際は，各成分の帯域は個人差が大きいため，明確に規定できるものではありません。そのため，論文や教科書によっては，帯域が少し異なる場合があります。この中で最も基本的なものが，安静・覚醒・閉眼状態で特に後頭部に出現する α リズムです。α リズムは比較的振幅が大きい波として観測されるため，最も目視でわかりやすい脳波リズムです。そこで電極貼付の際，実験参加者に閉眼を求め，10 Hz 程度の振動を確認することで，脳波をきちんと測定できているか確認することができます。よくいわれている話として，δ リズムや θ リズムの出現によって，感性などを測ることができるというものがありますが，これらの低周波数帯域の特徴はアンプのドリフトなどと区別するのが難しいのが現状です。特に，ヘッドバンドのような簡単な「脳波計」で，このような高度な認知機能を測ることは，非常に難しいといえます。また，γ リズムは，非常に振幅が弱いため，これを解析に用いる場合は注意が必要です。

表 4.1 脳波リズムの分類

名　称	周波数帯域	認知機能との関連
δ	0.5〜3 Hz	睡眠状態
θ	4〜7 Hz	睡眠状態，数値計算，注意，記憶
α	8〜13 Hz	認知処理の中断や待機状態
μ	10〜12 Hz	運動の処理
β	14〜30 Hz	運動や体性感覚の処理
γ	$>$ 30 Hz	視覚応答，情報の統合，言語処理，注意

このような帯域のパワーを求める方法としてフィルタや離散フーリエ変換があります。フィルタによってリズム成分を抽出する場合，IIR フィルタが使われることが多いようです。このとき，零位相フィルタ処理を行うことに注意して

ください。また，周波数成分の時間的な変化を抽出するためには，短時間フーリエ変換（2.3.2 項）や連続ウェーブレット変換（2.3.3 項）といった時間周波数解析法を用います。

4.10 同　期　解　析

画像を見て何かを感じ取ったときや，思いどおりの運動ができたときなど，異なる部位間で観測される信号の間に関係性が生じることがあります。このような現象を同期と呼びます。同期を観測することで，ある認知機能を実現するための脳部位どうしのネットワークを解析することができます。ここではある二つの電極に観測される信号の同期を評価する，コヒーレンスと **PLV**（Phase-locking value）を紹介します。

4.10.1 コヒーレンス

二つの電極で測定した脳波を時間周波数変換し，$X_1(f,t)$，$X_2(f,t)$ が得られたとします。ここで，f は周波数，t は時間のインデックスです。時間周波数変換には，短時間フーリエ変換や，複素ウェーブレット変換（Gabor ウェーブレット）が用いられます。脳神経科学の論文では，後者が広く用いられます。コヒーレンスは，ある周波数 f におけるスペクトルの時間相関のことで

$$C(f) = \frac{\left|\sum_t X_1(f,t)X_2^*(f,t)\right|}{\sqrt{\sum_t |X_1(f,t)|^2}\sqrt{\sum_t |X_2(f,t)|^2}} \tag{4.16}$$

で与えられます。式からわかるように，位相がそろっているときコヒーレンスは大きくなり，位相が 180° ずれていれば 0 になります。

4.10.2 Phase-locking value

脳波の同期を測る別の方法として近年広く使われているものが，PLV です。いま同一タスクにおける二つの電極で計測した脳波を N 試行記録したとして，n 回目の脳波の位相成分を $\phi_1(t,n)$，$\phi_2(t,n)$ とします。位相は，前述のよう

に，時間周波数変換によって得られます。PLV は位相同期の時間変化を表す量であり

$$\mathrm{PLV}(t) = \frac{1}{N}\left|\sum_{n=1}^{N} e^{j(\phi_1(t,n)-\phi_2(t,n))}\right| \tag{4.17}$$

で定義されます[51)]。なお，解析対象の周波数 f を含む狭帯域バンドパスフィルタを適用した後，ヒルベルト変換によって求まる瞬時位相を用いることもあります。

ある程度の時間幅での同期を定量化するには，PLV の時間平均を取った **PSI** (phase synchronization index)

$$\mathrm{PSI} = \frac{1}{NT}\left|\sum_{t=1}^{T}\sum_{n=1}^{N} e^{j(\phi_1(t,n)-\phi_2(t,n))}\right| \tag{4.18}$$

を用いたり，位相差 $\varphi(t) = \phi_1(t) - \phi_2(t)$ のヒストグラム p_i によって定義される位相エントロピー

$$e = -\sum_{i=1}^{B} p_i \ln p_i \tag{4.19}$$

を用いたりします[52)]。ここで B は，ヒストグラムのビン数です。

4.11 事象関連脱同期

脳波の律動的な成分のパワー変化を抽出する方法が，**事象関連**（**脱**）**同期**（event-related (de)synchronization, **ERS/ERD**）です。このような律動成分の変化は，運動などによって起こります。まず，時間周波数変換した脳波のパワーを $P(f,t) = |X(f,t)|^2$ とおきます。時間・周波数平面で，解析対象の時間窓 $\mathcal{T}_{\mathrm{task}}$ と周波数窓 $\mathcal{F}$ を設定します。例えば，$\mathcal{T}_{\mathrm{task}}$ をタスク実行中の 1 s 間，$\mathcal{F}$ を α 帯域（8〜13 Hz）といった具合です。この時間・周波数における解析窓内で平均パワー

$$P_{\mathrm{task}} = \frac{1}{TF}\sum_{f\in\mathcal{F}}\sum_{t\in\mathcal{T}_{\mathrm{task}}} P(f,t) \tag{4.20}$$

を算出します。また，安静時（$\mathcal{T}_{\mathrm{rest}}$）の脳波について，基準パワー

$$P_{\mathrm{rest}} = \frac{1}{TF} \sum_{f \in \mathcal{F}} \sum_{t \in \mathcal{T}_{\mathrm{rest}}} P(f,t) \tag{4.21}$$

を算出しておきます。このとき，ERS/ERD の強度を

$$\mathrm{ERS/ERD} = \frac{P_{\mathrm{task}} - P_{\mathrm{rest}}}{P_{\mathrm{rest}}} \tag{4.22}$$

で評価します。この値が，プラスのときは活動が強まったことになるため ERS，マイナスのときは ERD と呼ばれます。

4.12 信号源解析

脳波は比較的，時間分解能は高いですが，空間分解能は低い計測方法です。低い空間分解能の原因の一つは，電極の物理的な大きさです。また，体積伝導効果[53)]もこの原因となります。体積伝導効果は，神経で発生した電気活動が，髄液，硬膜，頭蓋や頭皮を経由する過程で，電極周辺の多数の神経細胞の電気活動が混ざり合う現象です。したがって，どれだけ電極を小さくして，高密度に配置しても，その性質上，空間分解能に限界があります[54)]。そのような低い空間分解能を克服するためのアプローチが信号源解析です。信号源解析は，脳表面，もしくは脳内に高密度に配置した信号源に観測される信号を，頭皮上脳波から推定します。

信号源解析は，電極信号が存在するセンサ領域から信号源領域への変換を求める問題です。ベクトル $\boldsymbol{y} \in \mathbb{R}^I$ を皮質上に定義された I 個の信号源とします。M 個の電極で観測された頭皮上脳波 $\boldsymbol{x} \in \mathbb{R}^M$ は

$$\boldsymbol{x} = \boldsymbol{A}\boldsymbol{y} + \boldsymbol{\eta} \tag{4.23}$$

とモデル化できます。ここで，$\boldsymbol{A}$ はサイズ $M \times I$ の変換行列（リードフィールド行列と呼ばれます），$\boldsymbol{\eta}$ は雑音です。リードフィールド行列 $\boldsymbol{A}$ は，MRI を用いた頭部モデルと体積伝導効果モデルによって求めることができます[55),56)]。式 (4.23)

の逆問題は，電極よりも信号源がはるかに多く存在することから（$I \gg M$），解を一意に決定することができません。このような問題を不良設定問題と呼びます。不良設定問題を解くための方法の一つは，問題に制約を導入することです。例えば，最小ノルム推定[57]は，信号源に対してノルム正則化の制約を課します。これは，最適化問題

$$\min_{\boldsymbol{y}} \ \|\boldsymbol{A}\boldsymbol{y}-\boldsymbol{x}\|_2^2+\lambda\|\boldsymbol{y}\|_2^2 \tag{4.24}$$

で表されます。ここで，λ はノルム正則化の影響を調整する係数です。最適化問題 (4.24) の解は

$$\boldsymbol{y}=(\boldsymbol{A}\boldsymbol{A}^T+\lambda\boldsymbol{I})^{-1}\boldsymbol{A}^T\boldsymbol{x} \tag{4.25}$$

と求められます[58]。

頭皮上脳波を信号源上の信号に変換してから，特徴抽出やパターン認識を行うことで，BCI における脳活動を高い精度で識別できることが知られています[59]。例えば，運動想起時脳波を識別する問題において，信号源解析を適用すると，適用しない場合と比べて，15%程度，識別精度が高くなることが報告されています[60]。この理由は，信号源空間への変換時に，特徴の選択が行われることや，SN 比が改善されることなどが考えられます[61]。また，信号源領域への変換による電極位置情報の追加も，理由の一つとして示唆されています[62]。電極位置の情報は，信号源と頭皮上電極の相対的な位置に依存するリードフィールド行列に含まれています。リードフィールド行列によって信号源領域からセンサ領域へ変換された信号には，電極の位置情報が新しい情報として追加されたために，高い識別性能が得られたと考えることができます。また，リードフィールド行列や正則化項に対して，fMRI などの他の計測装置より得られた脳活動の空間分布を利用する手法[63]においても，同様に高い BCI 識別精度が得られます[61,64]。これも，fMRI によって推定された計測対象の機能的構造が，処理に組み込まれることによるものと説明することができます。

4.13　む　す　び

本章では，脳波の前処理や特徴抽出に使われる信号処理を解説しました。ここで紹介した方法をすべて行う必要はありません。対象となる脳活動や測定環境，計測目的によって適切に選択します。例えば，脳活動をより正確に観察したいという目的であれば，雑音除去よりも雑音区間の除外を優先的に実施します。

一方で，BCI などの応用では，除外によって出力保留の状態が続き，コマンド出力に長い時間を要することがあるため，雑音除去を積極的に行うべきでしょう。また，処理の順番にも注意が必要です。一般的な前処理では，再参照，フィルタ，ベースライン補正などを行った後，雑音除去や信号源解析を行います。しかし，雑音の状況によっては，順番を変えたほうがよい場面があります。例えば，高周波数成分を含む雑音が混入している場合，ローパスフィルタの前に雑音除外・除去を行ったほうがよいかもしれません。なぜなら，ローパスフィルタ適用後に残留した雑音成分のパワーが小さい場合，その検知や分離が難しくなる可能性があるからです。適切な処理は取り組んでいる問題によって変わるため，処理の内容を理解したうえで選択する必要があります。

5 評　価　方　法

Next SIP

BCI の開発は，タスクや刺激を含むパラダイムや，信号処理・パターン認識を開発することでインタフェースとしての性能を上げるのが目的です。その性能を正しく評価するには，脳波の計測やシステムの評価を含む全体の実験を注意深くデザインすることが必要です。本章では開発した BCI の性能を評価する方法を解説します。

5.1 評　価　指　標

BCI の問題は脳信号を対応する正しいタスク（クラス）に分類することです。その性能は一般の識別問題と同じように，識別率（正答率）で評価することができます。ここでは，混同行列を用いた指標の計算方法を見ていきます。ω_0, ω_1, ω_2 の三つのクラスを持つ識別問題を考えます。10 個のテストサンプルの正解クラスを $\{\omega_1, \omega_0, \omega_0, \omega_2, \omega_1, \omega_2, \omega_1, \omega_0, \omega_1, \omega_0\}$ とします。これらのサンプルに対して BCI システムは $\{\omega_1, \omega_1, \omega_0, \omega_0, \omega_1, \omega_2, \omega_0, \omega_0, \omega_1, \omega_0\}$ と予測したとします。このとき，どのクラスのデータがどのクラスに識別されたかをカウントすると，識別結果を**表 5.1** 左のようにまとめることができます。数値の行が正解クラス，列が予測クラスを表しています。それぞれの値を正方行列に格納したものを**混同行列**（confusion matrix）と呼びます。混同行列の対角成分を加算して総サンプル数で除したものが識別率です。この例では 0.7 です。正解クラスごとのサンプル数（対応する行のサンプル数を加算したもの）における割合を表示したもの（表 5.1 右）も混同行列と呼ばれます。これにより，あるクラ

表 5.1 混同行列の例。左がサンプルの個数で表示したもの，右が正解クラスごとの割合で示したものです

		予測クラス					予測クラス		
		ω_0	ω_1	ω_2			ω_0	ω_1	ω_2
	ω_0	3	1	0		ω_0	0.75	0.25	0
正解クラス	ω_1	1	3	0	正解クラス	ω_1	0.25	0.75	0
	ω_2	1	0	1		ω_2	0.5	0	0.5

スのサンプルが，どのクラスに誤識別されやすいかを評価することができます。また，割合を示した行列の対角成分を**再現率**（recall）と呼びます。さらに，対角成分の予測クラスごとのサンプル数（対応する列のサンプル数を加算したもの）における割合を計算したものは**適合率**（precision）と呼び，表 5.1 の例では，0.6，0.75，1 となります。再現率と適合率の調和平均を F 値と呼び，0.67，0.75，0.67 となります。再現率，適合率，F 値は，特定クラスの誤識別を避けたい場合などの評価指標として有効です。しかし，BCI の問題では，特定のクラスのみ着目することがあまりないため，識別率のみで評価することが多いです。

クラスごとのサンプル数に偏りがある場合は，評価指標としてカッパ係数（κ 係数）が有効です。サンプル数に偏りがある状態とは，例えば 10 個のテストサンプルがある場合に，8 個が ω_0，1 個が ω_1，残り 1 個が ω_2 といった状態を指します。この場合，BCI システムが ω_0 しか出力しない場合でも，識別率 80%を達成し，見かけ上の識別率はチャンスレベルを超えます。そこで，二つのデータの一致度を表すカッパ係数を使います。識別問題では，カッパ係数により正解クラスと予測クラスの一致度を計算し，性能評価を行います。まず，正解クラスと予測クラスが偶然に一致する確率を計算します。表 5.1 では，正解クラスが ω_0 である確率は $(3+1+0)/10 = 0.4$，予測クラスが ω_0 である確率は $(3+1+1)/10 = 0.5$ です。したがって，偶然に ω_0 に一致する確率は $p_{\omega_0} = 0.4 \times 0.5 = 0.2$ です。同様に，ω_1 に対して $p_{\omega_1} = 0.4 \times 0.4 = 0.16$，$\omega_2$ に対して $p_{\omega_2} = 0.2 \times 0.1 = 0.02$ です。以上より，カッパ係数は

$$\kappa = \frac{P - P_e}{1 - P_e} = \frac{0.7 - (0.2 + 0.16 + 0.02)}{1 - (0.2 + 0.16 + 0.02)} = 0.52 \tag{5.1}$$

です。ここで，P は識別率，$P_e = \sum_{i=0}^{3} P_{\omega_i}$ です。カッパ係数は -1 から 1 の間を取り，慣例的に 0.8 以上であれば一致していると判断します。サンプルの偏りが大きい場合，偶然に一致する確率が大きくなるため，同じ識別率でもカッパ係数は低くなります。

インタフェースとしての性能は，正答率のほかに，クラス識別に要する時間（計算時間以外に，脳活動を計測する時間を考慮する必要があります）や，クラス数（出力可能な命令の数）に依存します。これを評価するために用いられる指標が，**情報伝達率**（information transfer rate, **ITR**）です。これは

$$I = \log_2 N + P \log_2 P + (1 - P) \log_2 \frac{1 - P}{N - 1} \tag{5.2}$$

と定義されます[65)]。ここで，N は命令数，P はコマンドの識別率です。実装された命令数が多く，正答率が高いと情報伝達率は大きくなります。I の単位は bit なので，命令出力にかかった時間〔min〕で I を除せば，分当りの ITR〔bits/min，bpm〕が得られます。これは単位時間当りに何 bit の情報を伝達できるかを表しています。例えば，アルファベット（$N = 26$）を 1 分間で 100 文字入力したとします。ハードウェア・ソフトウェアの不具合などによって，識別率 P は 80%になったとします。このときの情報伝達率は 304.97 bits/min です。BCI では，2010 年代に SSVEP を使った文字入力で約 300 bits/min を達成しています[66),67)]。

5.2 交 差 検 定 法

機械学習を用いた識別問題における性能評価では，**交差検定**，もしくは**交差検証**（cross validation, **CV**）がよく用いられます。また，交差検定は，識別器のハイパーパラメータ（学習で決定されない正則化係数などのパラメータ）を決定するときにも用いられます。交差検定では，まず，サンプルを学習サンプルとテストサンプルに分けます。学習サンプルを用いて識別器の学習を行いま

す。テストサンプルを識別器に入力して，クラスを推定します。このクラスの識別率によって識別器の精度を評価します。学習サンプルとテストサンプルに分ける際の一般的な方法を四つ紹介します。今回は，パターン認識の文脈でこれらを紹介しますが，識別精度を回帰精度，識別器を回帰モデルと読み替えると，回帰の問題でも同じように使うことができます。

一つ目は **k 分割交差検定**（k-fold CV）です。これはサンプルを k 個のグループに分けます。そこから一つのグループを取り除き，$k-1$ 個のグループに含まれるサンプルによって識別器の学習を行います。取り除いた一つのグループに対して識別を行い，クラス識別率を計算します。これを，異なるグループをテストサンプルとして取り除きながら，k 回繰り返します。計 k 回分の識別率を平均して，全体の識別率を評価します。

二つ目は**一つ抜き交差検定**（leave-one-out CV）です。この検定では，一つのサンプルをテスト用に取り除き，残りのサンプルで識別器の学習を行います。取り除いたサンプルに対して識別を行い，クラス識別率を計算します。これをすべてのサンプルに対して繰り返し，平均の識別率を算出します。k 分割交差検定は分割の仕方によって結果が異なることがありますが，一つ抜き交差検定では結果は一意に決まります。しかし，サンプル数分の学習を繰り返すため，計算コストは高くなります。

三つ目は**グループ抜き交差検定**（leave-one-group-out CV）です。この方法では，サンプルに対して，クラスラベルのほかのグループラベルが付いていることを想定しています。例えば，複数人からそれぞれ複数のサンプルを計測した場合，個人のデータごとに異なるグループラベルを付けることができます。この検定では，一つのグループに属するサンプルをテスト用に取り除き，残りのサンプルで識別器の学習を行います。取り除いたサンプルに対して識別を行い，クラス識別率を計算します。これをグループ数分繰り返し，平均の識別率を算出します。先ほどの例ですと，ある一人から得られたサンプルを取り除き，ほかの実験参加者から得られたサンプルで識別器の学習を行います。その識別器を使って，取り除かれた実験参加者から得られたサンプルの識別率の評価を行います。

四つ目は**p 抜き交差検定**（leave-p-out CV）です。ランダムに p サンプルをテスト用に取り除き，残りで学習を行います。これを任意の回数繰り返し，平均の識別率を得ます。サンプルをランダムに選ぶため，結果が検定を実行するたびに大きく変化する可能性があります。結果を安定させるには，繰り返し回数をある程度大きくすることが必要です。

交差検定は分割の仕方によって結果が大きく変化することがあります。サンプル数や識別器の特性によって，分割方法の適切な選択が必要です。また，分割によって，学習サンプルにおいてクラスごとのサンプル数に大きく偏りが出る可能性もあります。クラスの事前確率を考慮するような識別器の場合，このような偏りが結果に大きく影響します。クラスラベルの偏りが起こらないように分割することで，これを防ぎます。もしくは，サンプルの偏りが本来のクラスの事前確率を反映していると仮定できるのであれば，分割後における偏りを，本来の偏りから大きく変化させないようにすることが必要です。このような偏りをなくすために，分割前にサンプルをランダムな順番に並べ替えることがよく行われます。

交差検定では，**テスト識別率**（test accuracy rate）と**訓練識別率**（training accuracy rate）という二つの評価値が得られます[35)]。テスト識別率はテストサンプルにおける識別精度です。**テスト誤差**（test error）や**汎化誤差**（generalization error）とも呼びます。訓練識別率は学習サンプルにおける識別精度で，**訓練誤差**（training error）とも呼ばれます。テスト識別率と訓練識別率がどちらも低い場合は，そもそも問題自体が難しく精度が上がらないか，適切な識別器が選択されていない可能性があります。訓練識別率が高く，テスト識別率が極端に低い場合は，過学習を起こしている可能性があります。過学習とは識別器が学習データに過剰に適応した状態です。過学習に陥った場合，汎化性能（未知のデータに対する識別性能，つまりテストサンプルに対する識別性能）が著しく低くなります。この場合は，学習サンプル数を増やすことや，識別器をより簡単なもの（調整するパラメータ数が少ないもの）に変更することなどを試してください。2.4.5 項で紹介した正則化も有効です。テスト識別率が訓練識別率を上回っている場合は，後述するデータリーケージを疑ってください。一般的には，テスト識別率は訓練識別率より少し低い状態が理想的です。

交差検定のためにサンプルを分割して，学習サンプルとテストサンプルに分ける際は，**データリーケージ**（data leakage）に細心の注意を払う必要があります。機械学習の分野におけるデータリーケージとは，テストサンプルの情報が直接的・間接的に識別器の学習に使われることを指します。データリーケージの極端な例は交差検定を使わない精度評価です。学習サンプルとテストサンプルが同一の場合，テスト識別率と訓練識別率が等しいため，過学習が起こったかを評価できなくなります。過学習が起こっている場合，非常に高い識別率が得られます。しかし，それは汎化性能を表していないため，誤った評価方法です。これは極端な例ですが，例えば，つぎのような操作を行うとデータリーケージが起こり得ます。

- 分割前に平均などを求めて正規化（z-score など）する。
- 観測信号全体に対してフィルタをかける。
- 分割前に主成分や独立成分を求める。
- 分割前にハイパーパラメータを求める。

前処理や識別器の学習の際には，テストサンプルは隔離して扱うことが必要です。

機械学習におけるハイパーパラメータの決定にも交差検定は使われます。その際，テストサンプルでハイパーパラメータを決定してしまうデータリーケージがよく起こります。例えば，ハイパーパラメータをグリッドサーチ（ハイパーパラメータの候補をいくつか決めて総当たりで性能を評価する）などによって決め，一番よい性能が得られたハイパーパラメータに決定する方法は，データリーケージが起こっています。データリーケージをせずにハイパーパラメータを決定する方法の一つは，学習サンプルの中で交差検定を行う方法です。これは**入れ子交差検定**（nested CV）と呼ばれます。まず，元のサンプルを交差検定で学習サンプル A とテストサンプル B に分割します。つぎに，学習サンプルの中でさらに学習サンプル AA とテストサンプル AB に分けます。ハイパーパラメータの値を変更しながら，入れ子交差検定で識別性能を計算します。その中で，一番よい性能を持つハイパーパラメータを使って，識別器を学習サンプル A を使って学習し，テストサンプル B で評価します。これを分割数分繰り返すため，計算コストは非常に大きくなりますが，データリーケージを防ぐことができます。

オフライン解析用のデータを作成するときには，解析に用いる交差検定を意識した実験デザインを行うことで，データリーケージを防ぐことができます。例えば，計測を 10 個のブロックに分けて行います。そのブロックに合わせて交差検定の分割を行います。ブロックのそれぞれにグループラベルを付けておけば，グループ抜き交差検定によって実行することができます。ブロックごとに前処理を行えば，フィルタや雑音除去によるリーケージを防ぐことができます。

コーヒーブレイク

投稿された論文の査読をしていると，データのリーケージが疑われる研究結果と頻繁に出会います。ときにはそのような論文が査読を通過し，出版されてしまうこともあります。とある出版された論文は，SSVEP を識別する新しい信号処理手法を提案し，Nakanishi ら[67] で提案された手法と比較することで，その有効性を示しました[68]。しかしながら，その論文で提案された手法の精度が現実的には達成不可能と思われるほど高かったため，筆者の中西らはこの手法の再現性を検証するためのシミュレーションを行いました。その結果，原著論文と同等の精度が達成できたのは，提案手法にリーケージを起こさせた場合のみでした。おそらく，提案手法と比較手法の性能評価を行うプログラムを別々で用意した結果，提案手法のみにこのような意図しないミスが生じてしまったのでしょう。中西らは，前述の論文の著者らから直接の回答が得られなかったため，この論文に対する疑問を呈するための短報[69] を著したところ，その著者らは原著論文の結果にリーケージが起きていたことを認め，訂正稿を出版しました[70]。人為的ミスを完全になくすことはできません。それでも，データやプログラムの取扱いを工夫し，このようなミスを減らす努力を怠らないようにしましょう。間違っても，査読者をだまし通して論文が出版されれば後のことは気にしない，などといった態度で研究を行わないようにしましょう。

5.3　ベンチマーク用データセット

BCI の開発には脳波計測環境が必要ですが，信号処理やパターン認識の検証では，ベンチマーク用データセットを使用することがあります。**表 5.2** に公開されているデータセットの一例を示します。ベンチマーク用データセットを使用することで，脳波計測を行うことなく BCI 研究を始めることができます。また，同じデータセットを使った論文が出版されているため，開発手法の性能比較を簡単に行うことができます。

表 5.2　ベンチマーク用データセット

`http://www.bbci.de/competition/` BCI Competitions として複数の組織が提供[71)～73)] P300，運動想起など 実験参加者数：< 20 程度
`http://bnci-horizon-2020.eu/database/data-sets` BNCI Horizon 2020 として複数の組織が提供 P300，運動想起など 実験参加者数：< 20 程度
`https://physionet.org/content/eegmmidb/1.0.0/` Physionet[74)] EEG Motor Movement/Imagery Dataset BCI2000 プロジェクト[75)] による提供 開閉眼時の運動想起（手や足） 実験参加者数：109 電極数：64
`https://github.com/mnakanishi/12JFPM_SSVEP` カリフォルニア大学サンディエゴ校[76)] SSVEP（周波数-位相変調，9.25～14.75 Hz） 実験参加者数：10 電極数：8（後頭電極のみ）
`http://bci.med.tsinghua.edu.cn/download.html` 清華大学 / 中国科学院 SSVEP（周波数-位相変調，8～15.8 Hz） 実験参加者数：35[77)]，70[78)] 電極数：64

コーヒーブレイク

BCIの評価を行うためのデータセットを作成するときは，タスクの試行回数や実験参加者の人数を決めないといけません。タスクの試行回数は，実験時間によって調整します。実験時間の上限は，所属している組織の倫理規定に従いましょう。実験参加者の疲労なども考慮して，休憩を入れてだいたい3時間以内に収めたほうがよいと思います。

実験参加者の人数は特に決まったルールなどはありません。過去の研究では，10～20名程度のものが多い印象です。神経科学の分野では，解析に用いる統計手法において十分な効果量が得られるように決定することもありますが，BCIの分野では特に意識されていないようです。

5.4 オフライン解析とオンライン実験

情報伝達率によりBCIの性能を評価する際は，オンラインBCIシステムを実装し，実験参加者にテスト課題を行ってもらう必要があります。しかしながら，新しい信号処理手法や機械学習手法を提案し，その評価を行いたい場合，わざわざオンラインBCIシステムを実装するのは少々手間に感じるでしょう。例えば，複数のアルゴリズムを比較したい場合，それらを実装し，同じ実験課題をアルゴリズムを変えて何回か実験参加者に行ってもらう必要があります。しかしながら，この方法ではアルゴリズムごとに異なるデータによって評価を行うことになるため，結果に差があったとしてもその要因を特定することが難しくなります。また，事前にすべてのパラメータを決定しておく必要があり，実験後にパラメータが最適ではなかったことに気がつくと，実験をやり直すことになってしまいます。したがって，オフライン実験により計測されたデータや一般に公開されているベンチマーク用データセットを用いてアルゴリズムを含むすべてのパラメータを最適化してから，オンライン実験に臨みましょう。

オフラインデータにより性能評価を行う際には，いくつかの注意点があります。まず，実環境利用を想定した現実的な実験シナリオを用意する必要があります。過去の研究では，例えば，30 s 間の運動想起や視覚刺激注視の脳波を計測し，それを分割して 2 s 間 ×15 試行のデータセットとして扱うような研究がありました。しかしながら，この方法で用意されたデータは，運動想起や刺激注視の開始時から特徴脳波が現れるまでの潜時が考慮されておらず，オフライン解析とオンライン実験の結果が一致しないことがあります。また，選択されたコマンドをユーザにフィードバックするシステムの場合，フィードバックを返す時間やそれを基にユーザがつぎの行動を考える時間などを考慮する必要がありますが，この例ではこれらの時間は考慮されていません。

提案アルゴリズムの性能はオフライン解析のみでも評価することができますが，それでも最終的にはオンライン実験によって評価することをお勧めします。オンライン実験で実験参加者が実際にシステムを使用した結果があれば，ユーザがそのシステムを無理なく実環境で扱えることがわかります。さらに，オンライン実験ではリーケージが起きることがないため，アルゴリズムの汎化性能の評価として最適です。

5.5 む す び

本章では開発したシステムの評価方法について述べました。BCI の発展のためには，データリーケージに注意しながら，正しく性能を報告することが必要です。新規に提案した手法が既存手法に比べてよい精度を達成した場合でも，速やかに論文にしたい気持ちを抑え，リーケージが起きていないかを冷静に確認することを推奨します。また，ベンチマーク用データセットをいくつか紹介しました。BCI の研究では，論文ごとに扱うデータが異なることが多いため，先行研究を再現するには，実験系の構築から始める必要があり，非常に手間がかかります。ベンチマーク用データセットの使用は，研究の再現を容易にすることで，研究者・開発者内でのシステムの正しい評価につながります。

コーヒーブレイク

オフライン解析用のデータセットを作成するときには，実験者の指示によって，実験参加者は複数のタスクを繰り返し行います。このとき，タスクはできるだけランダムな順序で行います。順序をランダムに振らずに，あるタスクをまとめて複数回実行し，これをタスク数分繰り返して計測した場合，交差検定を行っても正しい性能評価ができません。例えば，タスク 1 を 10 回，タスク 2 を 10 回まとめて繰り返して，脳波からタスク 1 とタスク 2 を識別する問題を考えます。タスク 1 の実行を 10 回繰り返している間に，タスク 1 には関連しない雑音 A が発生していたとします。一方でタスク 2 を実行している間は，雑音 B が発生していたとします。この場合，タスクに由来する成分を識別しなくても，雑音 A と雑音 B を識別することで，正しい識別ができてしまいます。これも，広義のデータリーケージに含まれます。順序をランダムにすれば，タスク 1 とタスク 2 の試行には，それぞれ雑音 A と雑音 B が両方含まれます。したがって雑音による識別はできなくなります。

6 事象関連応答による BCI

Next SIP

事象関連応答，もしくは**事象関連電位**（event-related potentials, **ERP**）は，ある外部イベントを観測したとき，もしくは，何らかの内部イベントが発生したときに観測される成分です[79)]。ERP の発生タイミング（潜時と呼ばれる）や振幅は，イベントの発生頻度によって変化することが知られています[80)]。本章では，イベントの発生頻度の違いによって，振幅が異なる ERP を誘発することで BCI を構築する方法を紹介します。このような ERP を利用した BCI で最も有名なものは，P300 スペラと呼ばれる ERP を用いた文字入力インタフェースです。この BCI は，アルファベットであれば 1 分間に 15 文字程度の入力速度を達成しています[81)~83)]。

本章は，P300 スペラを構築することを目指して，まず，事象の発生によって観測される電位変化である ERP の種類を 6.1 節で紹介します。そして，P300 振幅の変化を誘発することができるオドボール課題について 6.2 節で述べます。P300 の変化を検知する方法として，加算平均（6.3 節），空間フィルタ（6.4 節），線形判別分析（6.5 節）について述べます。その後，6.6 節で，P300 の誘発課題と検知方法を使ったスペラの構築方法を紹介します。

6.1 事象関連電位

光・音などの観測といった事象によって，誘発される脳の電気活動を ERP と呼びます。ERP は自発的な脳波成分と重なって生じます。自発的な成分は，事象に関連しない成分という意味で，背景脳波と呼ばれます。ERP は背景脳波と比べて振幅が小さいため，単一の事象に対する ERP を目視で確認することは難しいとされています。

ERP は複数の波（成分）が重なって構成されています。それぞれの成分は，振幅，刺激から発生までの時間間隔（**潜時**（latency）），頭皮における空間的な分布，事象のどのような特性を反映するかによって，分類・定義されています[84)]。**図 6.1** に代表的な ERP 成分の振幅と頂点潜時（ある成分が頂点に達するまでの時間）を示します。各成分は，“N” もしくは “P” のアルファベットと数字で名称が付けられています。“N” もしくは “P” は成分の極性を表し，陰性方向の波が negative を意味する “N”，陽性方向が positive を意味する “P” と呼ばれています。数字は出現する順番，もしくは頂点潜時を表します。例えば，陽性方向の 3 番目の波は P3 と呼ばれています。同時に，P3 の潜時はおよそ 300 ms なので P300 と呼ばれることもあります。また，実験によって発生するピークが異なるため，同じ潜時・極性でも異なる名称を付けられる場合があります。

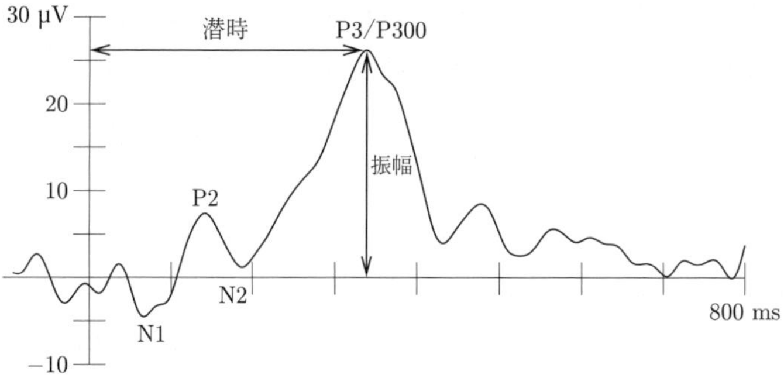

図 6.1　事象関連電位の例

心理学や認知科学の研究によって，ERP はさまざまな認知過程を反映することがわかっています。例えば，P300 は事象の新規性や，事象に対する予測や記憶処理を反映します[80)]。潜時 100〜200 ms で生じる N1 成分は，**ミスマッチ陰性電位**（mismatch negativity, **MMN**）とも呼ばれ，注意状態やこれまでの事象からの逸脱を反映します[85),86)]。N400 は言語処理に関連した成分です[87)]。ただし，それぞれの ERP は，特定の機能を反映しているわけではなく，複数の認知過程を反映する成分が複合したものと解釈するのが妥当です。

6.2 オドボール課題

ERP 成分の中で最も研究されてきたのが P300 であり，それを観察するための代表的な実験方法が**オドボール課題**（oddball paradigm）です。オドボール課題では，実験参加者に対して，2 種類以上の事象を出現頻度を変えて呈示します。二つ以上の事象が作り出せれば，事象の種類は何でも構いません。例えば，複数の図形や，周波数の異なる音，長さの異なる音などの刺激呈示を，事象として用いることができます。

刺激として，二つの短い音（1 000 Hz と 2 000 Hz）を使ったオドボール課題を紹介します。二つの音を 1 s ごとにランダムな順番で実験参加者に呈示します。このとき，一方の音（1 000 Hz とする）の出現頻度を高く，他方（2 000 Hz）を低くします。出現頻度が低い刺激を低頻度刺激と呼びます。出現頻度が高い刺激を高頻度刺激と呼びます。低頻度刺激を観測したときと，高頻度刺激を観測したときの P300 に振幅の違いが現れます。実験参加者は，低頻度刺激を観測した回数を数えたり，出現に合わせてボタン押しで応答するタスクを与えられることもあります。このようなタスクを行わなくても P300 の変化を観測することは可能ですが，タスクを行ったほうが低頻度事象と高頻度事象の違いが大きく観測されます[88)]。一般的な P300 研究における低頻度刺激の出現頻度は 20～40%程度です。BCI 研究における出現頻度は，これより低い場合が多く，全体の刺激数に依存します。例えば，後述する P300 スペラ（6.6 節）では，全体の 6 列 6 行の輝度変化を行うため計 12 回の刺激を呈示します。記入したい文字は行と列を合わせて 2 回輝度変化が起こるので，出現頻度は 1/6 です。

図 6.2 は，オドボール課題を行ったときの脳波を示しています。低頻度刺激は高頻度刺激に対して，400 ms あたりにピークを持つ振幅が正方向に大きくなります。この図では，視覚刺激に対して潜時 400 ms 程度の P300 が誘発されましたが，刺激の種類によって潜時は 250 ms から 750 ms 程度に変化します[80)]。こ

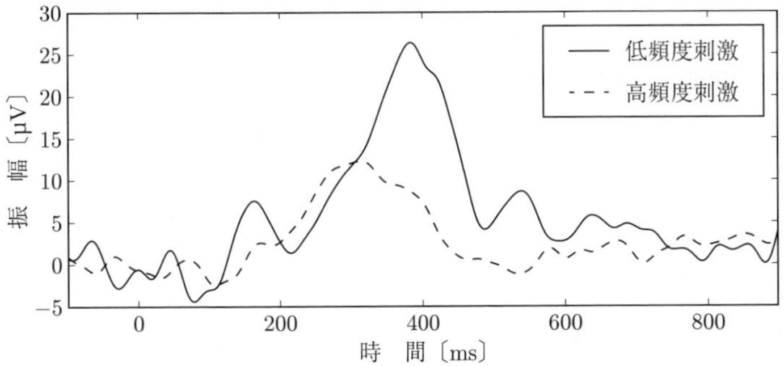

図 6.2　刺激呈示前後 1 s 間の信号を加算平均したもの

れは，刺激の判別に要する時間の違いがおもな要因と考えられています[89),90)]。

ここまで述べてきたオドボール課題では，出現頻度が設定された二つの刺激を観測するものでした。オドボール課題における脳波の変化を BCI に利用するためには，三つ以上の刺激をランダムな順序で呈示します。ユーザは入力したい命令に対応する刺激に注意を向けると，注意を向けている刺激が低頻度刺激，それ以外が高頻度刺激となります。これにより，低頻度刺激観測時の P300 の振幅の増加を誘発させます。

例えば，これまで説明してきた 2 種類の刺激を使った課題に刺激を 1 種類加え，1 000 Hz，2 000 Hz，3 000 Hz の短音を刺激として用います。ユーザが入力したい命令は，1 000 Hz の刺激に対応しているものとし，これを目標刺激とします。三つの刺激がランダムな順序で呈示されている間，ユーザは目標刺激が呈示された回数を数えることで，目標刺激に注意を向けます。この場合，目標刺激が低頻度（1/3 の確率で出現），その他の刺激（2 000 Hz と 3 000 Hz）が高頻度（2/3 の確率で出現）で呈示されることになり，オドボール課題が成り立ちます。このとき，高頻度で呈示されるその他の刺激を標準刺激と呼びます。目標刺激と標準刺激では出現頻度が異なることから，オドボール課題と同様に，二つの刺激の間に P300 振幅の違いを誘発することができます。刺激呈示後の P300 の有無を検出することで，どの刺激を目標刺激としたのかを判別します。

6.3 加算平均による抽出

ERP を神経活動指標として用いる研究では，その振幅や潜時を計測するために，加算平均を用いるのが一般的です。4.8 節で述べたように，事象の発生（刺激の呈示）時間にそろえて加算平均を行うことで，ランダムな成分を打ち消し，事象に関連する成分のみを抽出することができます。ERP は数十〜数百 ms 程度で変化する比較的ゆっくりとした成分なので，加算平均を行う前にバンドパスフィルタ（通過域 0.5〜60 Hz）を使うのが一般的です。

加算平均を行うには，目標刺激の呈示を複数回繰り返す必要があります。測定環境や個人差はありますが，視覚的に振幅を観測するには，30 回程度の繰り返し呈示が必要です。BCI においては，P300 検出に要する刺激の繰り返し回数は，一つの文字を入力するのに要する時間に対応します。したがって，この繰り返し回数が増えると入力速度が遅くなります。例えば，P300 スペラ（6.6 節）の場合の 1 文字を入力するのに要する時間はつぎのように計算できます。まず，すべての行と列の輝度を変化させるために 12 回の点滅が必要です。この 12 回の点滅には $125\,\mathrm{ms} \times 12 = 1.5\,\mathrm{s}$ かかります。さらに 10 回分の輝度変化を加算平均を用いた場合，$1.5\,\mathrm{s} \times 10 = 15\,\mathrm{s}$ かかることになります。より速い入力速度を実現するためには，多チャネルで観測した脳波を適切に処理して，特徴量を抽出する必要があります。多チャネル信号の重み付け和によって特徴を抽出する方法は，空間フィルタと呼ばれます。その一つが，6.4 節の xDAWN です。

6.4 空間フィルタを使った特徴抽出

P300 は頭頂部から後頭部にかけて強く観測される成分です。そのため，P300 が強く観測される電極に対しては大きい重みを，ほとんど観測されない電極に対しては小さい重みを付ける空間フィルタは，特徴抽出として有効です。ここでは，xDAWN[91),92)] と呼ばれる，教師ありの観測信号を使った空間フィルタの設計方法を紹介します。ここで，教師ありの観測信号とは，P300 が発生するタイミングが既知である信号のことです。

xDAWN は，P300 の観測について以下のモデルを仮定します。1 番目のチャネルに観測される P300 由来の信号波形を $\boldsymbol{a}_1 \in \mathbb{R}^{N_e}$ とします。ここで，N_e は P300 の持続時間です。これを全 M チャネルに対してまとめた行列を $\boldsymbol{A} = [\boldsymbol{a}_1, \boldsymbol{a}_2, \cdots, \boldsymbol{a}_M]^T \in \mathbb{R}^{M \times N_e}$ とします。P300 の持続時間である N_e は全チャネルで共通です。実際の観測信号は，この $\boldsymbol{A}$ に加えて，P300 とは関連しない雑音成分が混ざっています。この観測モデルは

$$\boldsymbol{X} = \boldsymbol{A}\boldsymbol{D} + \boldsymbol{N} \tag{6.1}$$

で定式化されます。ここで，$\boldsymbol{X} \in \mathbb{R}^{M \times N}$ は観測信号，$\boldsymbol{N}$ は $\boldsymbol{X}$ と同じサイズの雑音，$\boldsymbol{D} \in \mathbb{R}^{N_e \times N}$ は P300 の時間位置を表すテプリッツ行列です。テプリッツ行列 $\boldsymbol{D}$ は，例えば，$N = 10$，$N_e = 3$ として，P300 が 2 番目，8 番目の時間サンプルで発生する場合

$$\boldsymbol{D} = \begin{bmatrix} 0 & 1 & 0 & 0 & 0 & 0 & 0 & 1 & 0 & 0 \\ 0 & 0 & 1 & 0 & 0 & 0 & 0 & 0 & 1 & 0 \\ 0 & 0 & 0 & 1 & 0 & 0 & 0 & 0 & 0 & 1 \end{bmatrix} \tag{6.2}$$

と書くことができます。教師ありの観測信号であるため，P300 の発生するタイミング，つまり，低頻度刺激が発生するタイミングは既知です。したがって，P300 の潜時や持続時間の目安がわかれば，$\boldsymbol{D}$ を求めることができます。式 (6.1) の $\boldsymbol{N}$ をガウシアンノイズと仮定すると，P300 に由来する信号波形 $\boldsymbol{A}$ は，$\boldsymbol{X}$ と $\boldsymbol{D}$ を使って

$$\hat{\boldsymbol{A}} = \underset{\boldsymbol{A}}{\operatorname{argmin}} \|\boldsymbol{X} - \boldsymbol{A}\boldsymbol{D}\|_2^2 = \boldsymbol{X}\boldsymbol{D}^T(\boldsymbol{D}\boldsymbol{D}^T)^{-1} \tag{6.3}$$

と求めることができます。

以上の準備の下で，$\boldsymbol{X}$ に含まれる雑音成分 $\boldsymbol{N}$ を抑制しながら ERP の成分 $\boldsymbol{A}\boldsymbol{D}$ を抽出する空間フィルタを設計します。具体的には，N_f 個の空間フィル

タを使って，$\boldsymbol{X}$ を $\tilde{\boldsymbol{X}} = \boldsymbol{W}^T\boldsymbol{X}$ のように変換する問題を考えます。ここで，$\boldsymbol{W} \in \mathbb{R}^{M\times N_f}$ は求めたい空間フィルタです。ERP の成分 $\boldsymbol{AD}$ は未知ですが，$\boldsymbol{A}$ の推定値は式 (6.3) で求めてあります。そこで xDAWN では，$\tilde{\boldsymbol{X}}$ における推定信号成分（$\hat{\boldsymbol{A}}\boldsymbol{D}$）と，信号と雑音が混合した信号（$\boldsymbol{X}$）のパワーの比である **SSNR**（signal-to-signal-plus-noise-ratio）が高くなるように空間フィルタを設計します。このような空間フィルタは，最適化問題

$$\hat{\boldsymbol{W}} = \underset{\boldsymbol{W}}{\operatorname{argmax}} \frac{\operatorname{tr}(\boldsymbol{W}^T\hat{\boldsymbol{A}}\boldsymbol{D}\boldsymbol{D}^T\hat{\boldsymbol{A}}^T\boldsymbol{W})}{\operatorname{tr}(\boldsymbol{W}^T\boldsymbol{X}\boldsymbol{X}^T\boldsymbol{W})} \tag{6.4}$$

を解くことで求めることができます。この問題は QR 分解によって解きます。まず，$\boldsymbol{X}$ と $\boldsymbol{D}$ の QR 分解を $\boldsymbol{X}^T = \boldsymbol{Q}_X\boldsymbol{R}_X$ と $\boldsymbol{D}^T = \boldsymbol{Q}_D\boldsymbol{R}_D$ とします。$\boldsymbol{Q}_X$ と $\boldsymbol{Q}_D$ は直交行列，$\boldsymbol{R}_X$ と $\boldsymbol{R}_D$ は上三角行列です。これらと式 (6.3) を，式 (6.4) に代入すると

$$\hat{\boldsymbol{V}} = \underset{\boldsymbol{V}}{\operatorname{argmax}} \frac{\operatorname{tr}(\boldsymbol{V}^T\boldsymbol{Q}_X^T\boldsymbol{Q}_D\boldsymbol{Q}_D^T\boldsymbol{Q}_X\boldsymbol{V})}{\operatorname{tr}(\boldsymbol{V}^T\boldsymbol{V})} \tag{6.5}$$

となります。ここで，$\boldsymbol{V} = \boldsymbol{R}_X\boldsymbol{W}$ です。最適化問題 (6.5) の解は，$\boldsymbol{Q}_X^T\boldsymbol{Q}_D\boldsymbol{Q}_D^T\boldsymbol{Q}_X$ の N_f 個の最大固有値に対する固有ベクトルとして求めることができます。

空間フィルタ適用後の信号は，サイズ $N_f \times N$ になります。通常，N_f は元のチャネル数 M より低く設定するため†，空間フィルタによって信号全体のサイズが小さくなり，次元削減が行われていることがわかります。

6.5　線形判別分析による識別

加算平均や空間フィルタで特徴を抽出したつぎの段階は識別です。識別では，一般的な識別規則・識別器を使うことができます。特徴抽出では，観測信号をサイズがチャネル数（もしくは，空間フィルタ数）× 時間サンプル数の行列の形で扱ってきましたが，識別器への入力は一般的にベクトルです。したがって，何らかの方法でベクトルにする必要があります。P300 の識別では，式 (6.6) の

† xDAWM アルゴリズムでは M 個を超える空間フィルタを求めることはできません。

ようにチャネル信号を縦に並べて MN 次元のベクトルに変換し，識別器へ入力することが一般的です。

さまざまな識別器を用いることができますが，本節では 2.5.3 項で述べた線形判別分析を使った方法を紹介します。LDA をステップワイズ法による特徴選択によって拡張した**ステップワイズ LDA**（stepwise LDA, **SWLDA**）は，1960 年代の Donchin らの研究[93)~97)] を発端にし，BCI ソフトウェアである BCI2000 に実装されるなどして広く使われるようになりました。本節では SWLDA についても述べます。

6.5.1　線形判別分析

刺激呈示から約 1 s の間に観測された信号を，「目標刺激」か「標準刺激」かの 2 クラスへ分類することを考えます。この観測信号に対して，第 4 章で示したフィルタリング，ベースライン補正，雑音除去などを行い前処理を行います。このときフィルタの下側遮断周波数は 0.01〜1 Hz，上側遮断周波数は 5〜30 Hz がよく使われます。ベースライン補正では，輝度変化の約 1 000 ms 前から，輝度変化直前までの平均電位を基準電位とします。さらに，時間窓によって，ある特定の期間の信号を抽出します。P300 の潜時（刺激呈示から成分が現れるまでの時間）は 200〜800 ms なので，輝度変化直後から約 200 ms まで，約 800 ms 以降の信号は除去します。さらに，時間点を間引くダウンサンプリングや，使用するチャネルを選別するチャネル選択，空間フィルタといった処理を行います。このような処理は，特徴抽出という目的以外にも，次元削減によって過学習を防ぐという目的もあります。P300 は比較的緩やかな成分なので，20〜30 Hz 程度にダウンサンプリングしても，特徴を保持できます。また，頭頂部から後頭部にかけて観測できる成分なので，前頭部・側頭部に位置する電極チャネルは除いても問題ない場合が多いでしょう。前頭部の電極は，まばたきに関連する成分が混入しやすため，雑音除去の点でもチャネル選択は有効です。

以上の前処理を施した信号を $x_m[n], n = 0, 1, \cdots, N-1, m = 1, 2, \cdots, M$ と表すことにします。N はダウンサンプリング後の信号長，M はチャネル数

です。特徴として，これらの信号を並べた

$$
\begin{aligned}
\boldsymbol{z} =& [x_0[0], x_0[1], \cdots, x_0[N-2], x_0[N-1], \\
& x_1[0], x_1[1], \cdots, x_1[N-2], x_1[N-1], \\
& \vdots \\
& x_{M-2}[0], x_{M-2}[1], \cdots, x_{M-2}[N-2], x_{M-2}[N-1], \\
& x_{M-1}[0], x_{M-1}[1], \cdots, x_{M-1}[N-2], x_{M-1}[N-1]]^T
\end{aligned}
\tag{6.6}
$$

を用います。したがって，特徴ベクトルは MN 次元になります。

LDA を用いて識別を行うには，訓練サンプルが必要です。そのため，目標刺激をあらかじめ指定して刺激呈示を行い，そのときの脳波を記録することで訓練サンプルを集めます。あとは，2.5.3 項の手順に従い，射影行列 $\boldsymbol{U}$ を求めます。$\boldsymbol{U}$ によって射影したサンプルを，ベイズ決定則（2.5.2 項）などによって，クラス分類を行います。ベイズ決定則で使用するクラスの事前分布 $p(\omega)$ は，オドボール課題における目標刺激と標準刺激の割合から求めることができます。例えば，8：2 のオドボール課題では，目標刺激の事前確率は $p(\text{目標刺激}) = 0.2$ と設定できます。しかし，P300 検出の精度が低い場合は，「つねに P300 はない」と識別したほうが，全体の識別率は高くなる可能性があります。これを防ぐために一様分布（$p(\text{目標刺激}) = p(\text{標準刺激}) = 0.5$）に設定することが多いようです。

6.5.2　ステップワイズ法による特徴選択

BCI の問題では特徴ベクトルの次元数が大きく，サンプル数が少ない状況が起こりやすいので，特徴選択によって特徴ベクトルの次元削減がしばしば行われます。ステップワイズ法は LDA の入力である特徴ベクトルの中で，識別に有効な特徴を選択するための方法です。本項で解説するステップワイズ法は，おもに**回帰分析**（regression）で用いられる方法ですが，P300 判別のための LDA でも有効であることが知られています[98)]。回帰分析は 2 変数 X, Y のデータがあるとき，X によって Y を予測（説明）する分析方法です（2.4.4 項）。P300 判別は識別の問題ですが，式 (2.143) は離散的な目標変数に対する回帰と見なせます[99)]。

Krusienski らの P300 の識別の研究[98)]では，つぎの方法で特徴選択を行いました。まず，それぞれの説明変数を用いて単回帰分析を行い，式 (2.129) によって p 値を求め，$p < 0.1$ を持つ説明変数のみを使った判別モデルを作ります。この判別モデルの予測誤差を求め，各説明変数に対する p 値を求めます。このときの p 値が 0.15 以上のものを判別モデルから取り除きます。さらに，取り除かれた変数を一つずつ判別モデルに加え，p 値を求め，$p < 0.1$ である変数を判別モデルに加えます。この説明変数の追加と除去を繰り返し，あらかじめ設定した説明変数の数に達するまで，もしくは，すべての説明変数が増加/減少基準を満たさなくなるまで繰り返します。

6.6 P300 ス ペ ラ

ここまで，一般的な ERP の特徴抽出および識別法を紹介してきました。本節では，ERP を用いた BCI として代表的な P300 スペラの実装方法を紹介します。P300 スペラは名前のとおり，オドボール課題を使って P300 を操作することで，文字入力を行う BCI です[2),9),100),101)]。

6.6.1 刺 激 の 構 成

P300 スペラのインタフェース例を**図 6.3** に示します。これをモニタなどによってユーザに呈示します。このインタフェースでは，ユーザは表示されているアルファベット 26 文字と数字 10 文字を入力することができます。文字の輝度は一定ではなく，時間経過によって，行もしくは列の輝度はランダムな順序で変化します。例えば，図 6.3 の例では，4 行目 →3 列目 →1 列目 →5 行目 → $\cdots$ という順序で，輝度の高い行・列が切り替わります。この切り替えの様子を**図 6.4** に示します。輝度が大きくなる期間は約 100 ms，輝度変化の間隔は約 100

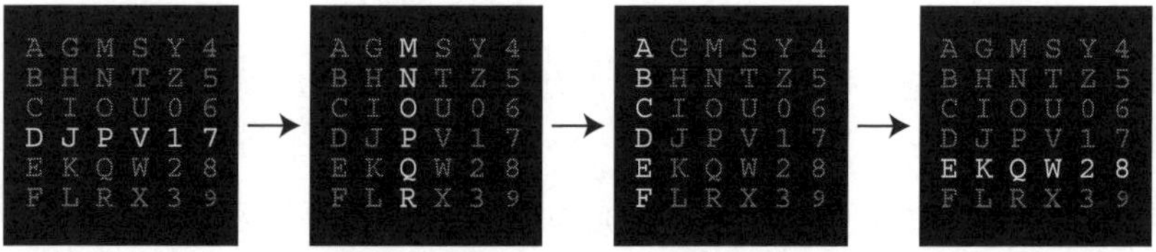

図 6.3　P300 スペラのインタフェースの例

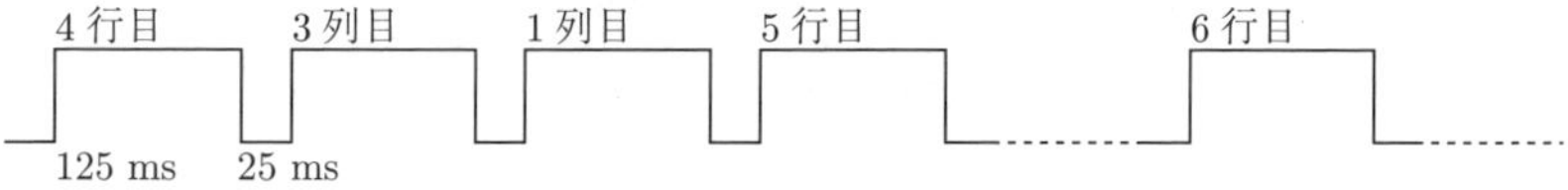

図 6.4　図 6.3 の輝度変化の順序

～200 ms に設定します。また，目標刺激判別に複数回の刺激を用いる場合は，すべての行・列の輝度変化後，再びランダムな順序で輝度変化を繰り返します。

このようなインタフェースにおいて，ユーザはつぎのタスクによって任意の文字を入力します。まず，入力したい文字（目標刺激）を選び，その刺激に注意を向けます。目標刺激の輝度が変化するので，その輝度変化の回数を数えます。例えば，ユーザが入力したい文字を D とします。図 6.3 と図 6.4 において，1 番目と 3 番目の輝度変化時に D の輝度が変化します。このとき，ユーザは 1 番目と 3 番目の刺激呈示時に輝度変化の回数を数えるタスクを行うことになります。D を含む行・列の輝度変化が低頻度刺激，その他の行・列の輝度変化が高頻度刺激となり，オドボール課題が成り立ちます。これにより，高頻度刺激発生後と比べて，低頻度刺激の発生後に振幅の高い P300 が発生します。各刺激呈示後の P300 の有無を検出することで，目標刺激が位置する行と列（4 行目，1 列目）を推定することができます。推定された行と列より，それに対応する文字がわかるので，BCI はユーザの見ている文字を D と判別します。

以上が，P300 スペラのインタフェースの実装方法と，ユーザの入力方法です。次項より，P300 スペラにおける P300 の検出手法を紹介します。

6.6.2　線形判別分析による識別手順

本項では，6.5 節で紹介した LDA による識別手順に沿って，P300 スペラへの適用方法を述べます。P300 スペラでの最終的な出力は「入力したい文字」なので，多クラス識別問題ですが，各輝度変化に対して，P300 の有無を判別すればよいため，実質は 2 クラス識別問題です。したがって，LDA の射影行列を求めるところまでは，6.5 節の方法をそのまま使うことができます。具体的には，適当な文字を指定し，ユーザは指定された文字の点滅回数を数えます。これにより，目標刺激と標準刺激を含む訓練サンプルを収集します。訓練サンプルから，目標刺激と標準刺激を判別するための LDA の射影行列を求めます。

さらに，行・列ごとに刺激を変化させる P300 スペラにおいて入力文字を特定するためには，ユーザが注意を向けている行と列を推定する必要があります。ここでは，正規分布を仮定したベイズ決定則を使った推定手順を紹介します。i 番目の行における輝度変化において得られた LDA の射影ベクトルを $\boldsymbol{\gamma}_{i,:} \in \mathbb{R}^D$，$j$ 番目の列におけるものを $\boldsymbol{\gamma}_{:,j} \in \mathbb{R}^D$ とします。目標刺激が含まれる行を

$$\hat{c} = \underset{i=1,2,\cdots,6}{\text{argmax}}\ \mathcal{N}(\boldsymbol{\gamma}_{i,:} \mid \boldsymbol{\mu}_0, \boldsymbol{\Sigma}_0)p(c_i) \tag{6.7}$$

と求めます。ここで，$\mathcal{N}(\boldsymbol{x} \mid \boldsymbol{\mu}, \boldsymbol{\Sigma})$ は正規分布の確率密度関数で

$$\mathcal{N}(\boldsymbol{x} \mid \boldsymbol{\mu}, \boldsymbol{\Sigma}) = \frac{1}{\sqrt{|\boldsymbol{\Sigma}|(2\pi)^D}} \exp\left\{-\frac{1}{2}(\boldsymbol{x}-\boldsymbol{\mu})\boldsymbol{\Sigma}^{-1}(\boldsymbol{x}-\boldsymbol{\mu})^T\right\} \tag{6.8}$$

と表されます。$\boldsymbol{\mu}_0$ および $\boldsymbol{\Sigma}_0$ は，目標刺激に属する訓練サンプルの射影後の平均と分散です。$p(c_i)$ は i 行目に入力したい文字がある確率（事前確率）です。入力文字に偏りがあるとわかっている場合は，この事前確率を適切に設定できますが，通常は一様分布を仮定し，1/6 に設定します。列も同様に

$$\hat{r} = \underset{j=1,2,\cdots,6}{\text{argmax}}\ \mathcal{N}(\boldsymbol{\gamma}_{:,j} \mid \boldsymbol{\mu}_0, \boldsymbol{\Sigma}_0)p(r_j) \tag{6.9}$$

と求めます。ここで，$p(r_j)$ は j 列目の事前確率です。$\hat{c}$ 行 $\hat{r}$ 列目の文字をユーザの入力したい文字として決定します。

これまでの説明では，行と列をそれぞれ 1 回ずつ輝度変化させて，目標文字を特定しました。しかし実際は，P300 は小さな電位変化であるため，単一の刺激だけでは P300 スペラの判別を行うことは困難です。そこで，刺激呈示を複数回行い，その結果を統合して判別します。複数回の試行を統合する方法の一

つは，信号を加算平均する方法です。第 i 行刺激に対する脳波を N_t 回観測したときの加算平均信号は

$$\boldsymbol{z}_{i,:} = \frac{1}{N_t}\sum_{n=1}^{N}\boldsymbol{z}_{i,:}^{(n)} \tag{6.10}$$

と表すことができます。ここで，$\boldsymbol{z}_{i,:}^{(n)}$ は，i 行の n 回目の輝度変化が起こったときの観測信号です。列の場合でも同様に求めることができます。あとは，前述した手順に沿って行と列を推定します。

別の方法としては，同時確率を計算する方法があります。i 行目に目標刺激が含まれる確率 $p_{i,:}$ を

$$p_{i,:} = p(c_i)\prod_{n=1}^{N}\mathcal{N}(\boldsymbol{\gamma}_{i,:}^{(n)} \mid \boldsymbol{\mu}_0, \boldsymbol{\Sigma}_0) \tag{6.11}$$

と求めます。このとき，$\boldsymbol{\gamma}_{i,:}^{(n)}$ は，n 番目の第 i 行刺激によって得られた $\boldsymbol{z}_{i,:}^{(n)}$ の射影後のベクトルです。そして，この確率が一番大きい行を

$$\hat{c} = \underset{i=1,2,\cdots,6}{\operatorname{argmax}}\ p_{i,:} \tag{6.12}$$

のように推定します。列の場合も同様の手順で推定を行います。

式 (6.11) を，第 i 行のスコアとして考えると，スコアの蓄積を利用して逐次的に判別することができます。スコアを $g_i = \frac{p_{i,:}}{\sum_{i'=1}^{6} p_{i',:}}$ と求めます。スコアがしきい値を超えた場合，目標文字が存在する行として判別します。しきい値を超えていない場合，再びすべての行の輝度を変化させて，同じようにスコアを計算します。これにより，あらかじめ複数回呈示する回数を決める必要がなくなります。また，少ない輝度変化の回数でしきい値を超える行が見つかった場合，刺激呈示に要する時間を短縮できます。

6.7 む　す　び

本章では，事象関連電位の一つである P300 の特性を利用した BCI の構築方

法を紹介しました。線形判別分析法や空間フィルタを使った特徴抽出について述べ，文字入力 BCI の実装例に触れました。

P300 を使った BCI では聴覚や視覚の刺激が用いられることが多いですが，P300 の変化は嗅覚や味覚，体性感覚（触覚）でも発生します[102),103)]。体性感覚を用いる場合，ユーザは振動する機器を体のさまざまな位置に装着します[104)]。体の位置ごとに，ランダムな順序で短い振動を与えます。ユーザは入力したい命令に対応する体の位置の振動に注意を向けることで，P300 振幅の変化を誘発します。このような特徴から，視覚や聴覚が機能を失ったとしても，BCI を提供できる可能性があります。また，どのような感覚入力に対しても，潜時といった波形の特徴はほとんど変わらないので，ここで紹介した信号処理を使うことができます。視覚・聴覚以外の刺激の場合，ユーザが複数の刺激を弁別して知覚することや，多くの刺激の種類を用意することが難しい場合が多く，視覚・聴覚と比べると性能は低い場合がほとんどです。

P300 スペラのように複数の刺激を呈示する場合は，ある刺激に注意を向けるときに視線の移動が伴います。しかし，眼球運動の機能を失った ALS 患者においては，視線を移動することができません。このような場合でも，視線を移動せずに注意を向けることによって事象関連電位を誘発することが可能です。視線移動を伴う注意を**オバート**（overt）**注意**，視線移動を伴わず周辺視を使って注意を向けることを**コバート**（covert）**注意**と呼びます。コバート注意によって P300 を誘発することができますが，オバート注意と比べると BCI 性能は低くなります[105)]。

6.6 節では，文字が行列状に配置されたインタフェースを紹介しました。このほかにも，文字や刺激の配置や種類，輝度変化といった呈示方法の工夫によって，BCI 性能を高める研究がされています[106)]。例えば，文字・刺激のセットを複数のグループに分けます。まず，どのグループに注意を向けているか判別した後に，グループ内でどの文字・刺激に注意を向けているかを判別します[107),108)]。これにより，刺激呈示の回数を減らすことができます。また，目標刺激と隣り合う刺激の呈示によって P300 が誘発し，BCI 性能が低下することがあります[109)]。

これを防ぐために，行列の端に配置した刺激のみを呈示する方法が提案されました[110]。これまでの入力履歴から辞書を参照することによって，文字の配置や呈示順番を操作することが可能です。例えば，つぎに入力されるであろう文字の発生頻度を計算し，発生頻度の高い文字を見つけやすいところに配置します。これにより，ユーザが目標刺激を見つけやすくなります[111]。さらに，刺激に特徴的な画像を使用すると，誘発される ERP の強度変化が大きくなることがわかっています。例えば，文字から顔へ変化させるといった刺激呈示を行うと，BCI 性能が改善します[112]。

7 視覚応答による BCI

Next SIP

視覚誘発電位（visual evoked potentials, **VEP**）は，人間がフラッシュのような光の点滅を見たときに，おもに後頭部の脳波電極から観測される事象関連電位の一種です[113)]。この原理は脳波研究の黎明期[114)]から知られており，1970年代には世界初の BCI を実現するために利用されました[115)]。その後，実験手法の工夫や信号処理の発展に伴い，VEP を用いることで他の脳波特徴に比べてより高精度な BCI を構築することが可能となり，実応用が期待されるまでに発展しました。本章では，VEP 研究の歴史や実験デザイン，信号解析手法について解説していきます。

7.1 視覚誘発電位

VEP は光の点滅やチェッカーボードのパターンが瞬時に変化したことを人間が知覚した場合などに生じる脳波特徴です[113)]。網膜の視細胞で受け取った視覚情報は，視床の**外側膝状体**（lateral geniculate nucleus, **LGN**）を経由して，一次視覚野（V1）へ投射され，その結果として頭皮から観測可能な VEP が誘発されます。一次視覚野は後頭部の鳥距溝と呼ばれる脳溝を中心に広がっており，VEP はおもに一次視覚野に近い後頭部に装着した電極から観測されます。

フラッシュ刺激の点灯・消灯により誘発される VEP は，おもに刺激を知覚した約 90 ms 後に陰性のピークを持つ N2 と約 120 ms 後に陽性ピークを持つ P2 という二つの ERP により構成されます（**図 7.1**）。図 6.1 と成分の名称が違いますが，これは実験によって現れるピークが異なるためです。さらに，チェッ

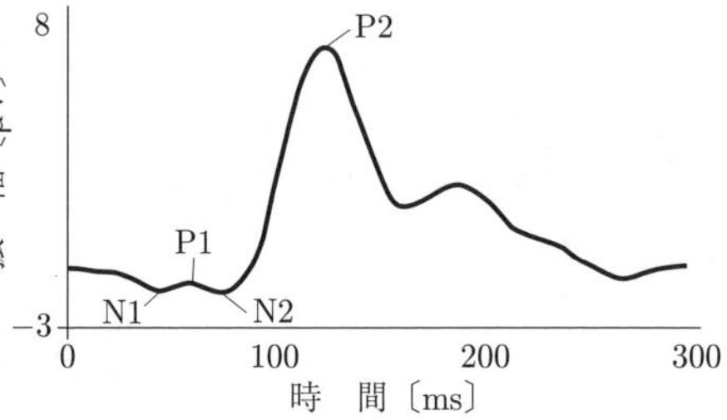

図 7.1　フラッシュ刺激により誘発された VEP。時刻 0 ms はフラッシュ刺激のオンセットを示します

カーボードのような模様のパターンが反転することにより誘発される VEP は，70〜80 ms の潜時を持つ N75，90〜100 ms の潜時を持つ P100，130〜140 ms の潜時を持つ N135 という三つの ERP により構成されます。一方，チェッカーボードのような模様の表示・非表示により誘発される VEP は，刺激呈示後 70〜80 ms にピークを持つ C1†，100〜120 ms 後にピークを持つ C2，140〜150 ms 後にピークを持つ C3 という成分により構成されます。

これらの VEP の構成要素は名前のとおり**誘発電位**（evoked potentials, **EP**）であるため，P300 を代表とする**誘導電位**（induced potentials, **IP**）のように認知過程の影響を受けません。したがって，網膜に視覚情報が入力されると，ほぼ一定の潜時で VEP が発生します。この性質は BCI へ応用するにあたり非常に重要であり，この性質により後に解説する**定常状態視覚誘発電位**（steady-state VEP, **SSVEP**）や**符号変調視覚誘発電位**（code-modulated VEP, **c-VEP**）と呼ばれる脳波特徴の誘発が可能になります。

7.2 実　験　課　題

7.2.1 刺激変調方式

VEP を利用して BCI を実現する場合，異なる情報が付与された複数の視覚

† C1 成分は視覚野のどの領域から生じるかによって頭皮上における極性が変化するため，P や N ではなく C と表記されます。

刺激を用意する必要があります。ユーザはこれらのうち一つを注視することで，その視覚刺激に対応するコマンドを入力することができます。例えば，異なるタイミングで明滅する二つの LED があるとき，ユーザの脳波から VEP を検出し，そのタイミングからユーザがどちらの LED を見ているかを推定することができます（**図 7.2**）。この例では三つの選択肢を持つ BCI を示しましたが，アプリケーションによってはさらに多くの視覚刺激を用意する必要があります。しかしながら，視覚刺激の数が多くなるほど，注視刺激を推定するために時間がかかり，推定精度も下がってしまいます。したがって，VEP に基づく BCI では効果的な視覚刺激をデザインすることが重要な研究課題の一つとされています。

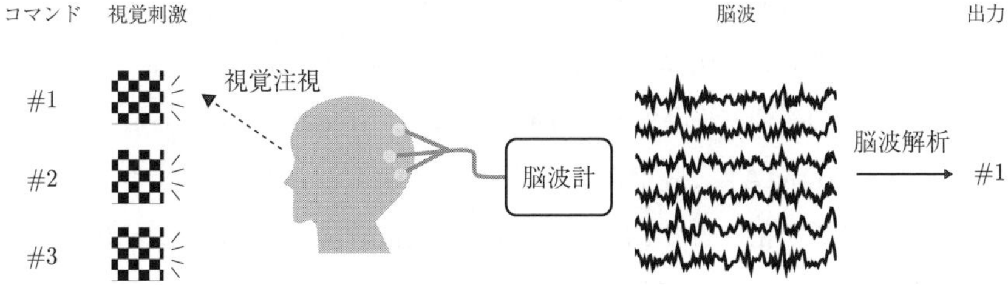

図 7.2　視覚応答に基づく BCI

これまでに，多種多様な視覚刺激の変調方式が提案されてきました。Gao らは，これらを伝送工学における多元接続になぞらえて分類する手法を提案しました[116), 117)]。

- **時間分割多元接続**：最もシンプルな視覚刺激の変調方法は，**時間分割多元接続**（time-division multiple access, **TDMA**）です。TDMA では，複数の視覚刺激が独立したタイミングでアクションを起こすことで，検出可能な VEP を誘発します。例えば，フラッシュ刺激を用いて各視覚刺激を異なるタイミングで点灯・消灯させることにより誘発された VEP は，単に VEP と呼ばれたり，**t-VEP**（transient/time-modulated VEP）や **FVEP**（flash VEP）と呼ばれます。また，コンピュータ上に複数のストライプ模様の刺激を表示し，その模様を一定の速度で動かすことでも VEP を誘発することができます。このように誘発された VEP は，**m-VEP**（motion-onset VEP）と呼ばれますが，t-VEP の一種であり，TDMA に分類されます。t-VEP を用いた BCI では，観測された t-VEP から刺激のタイミングを逆算することで，ユーザがどの視覚刺激を注視しているかを推測することができます。

- **周波数分割多元接続**：周期的な明滅を繰り返す視覚刺激を与えると，t-VEP が畳み込まれ，正弦波のような定常状態になります[114]。この脳波特徴は**定常状態視覚誘発電位**（steady-state VEP, **SSVEP**）や **f-VEP**（frequency-modulated VEP）と呼ばれます。一般に，SSVEP は視覚刺激の明滅と同じ周波数を持つ成分とその高調波成分により構成され，周波数領域で観測される脳波特徴と考えられています。したがって，観測された脳波信号を周波数解析することで，ユーザが注意している視覚刺激を特定することができます。この変調方法は**周波数分割多元接続**（frequency-division multiple access, **FDMA**）と呼ばれます[116]。FDMA には，視覚刺激それぞれに異なる周波数を割り当てる周波数変調や，周波数は一定で異なる位相を割り当てる位相変調などが存在します[118]。さらに，周波数変調と位相変調を組み合わせた**周波数-位相結合変調**（joint frequency-phase modulation, **JFPM**）[66] は，多種の特徴を持つ SSVEP を誘発できる非常に強力な刺激変調方式です。
- **符号分割多元接続**：擬似乱数符号列を用いて視覚刺激を変調することもできます。例えば，自己相関の低い擬似乱数列である M 系列[119] を利用し，循環シフトした M 系列を視覚刺激へ割り当てることで，たがいに“ほぼ”直交したさまざまな脳波特徴を誘発することができます[120]。したがって，観測脳波から符号列を推定することで，ユーザの注視刺激を特定することができます。このような刺激の変調方式は，**符号変調多元接続**（code-division multiple access, **CDMA**）と呼ばれます[117]。CDMA により誘発された脳波特徴は，**c-VEP**（code-modulated VEP）と呼ばれます。
- **空間分割多元接続**：視覚系の空間的な構造（レチノトピー）を利用した方

法は，**空間分割多元接続**（space-division multiple access, **SDMA**）と呼ばれます。SDMA では，視野上の異なる領域を刺激するとその領域に対応する視覚野内のニューロンが活動するため，VEP が観測できる電極が異なるという性質を利用します。したがって，VEP が観測される電極位置を特徴として注視刺激を特定することができます。世界で初めて開発された BCI はこの SDMA を採用し，コンピュータモニタ上に呈示されたひし形のフラッシュ刺激の四隅のいずれかを注視することで分離可能な VEP を誘発するシステムでした[115]。フラッシュ刺激だけでなく，周波数変調された視覚刺激を用い，空間変調された SSVEP を得ることもできます[121]。しかしながら，SDMA は採用例が少なく，他の VEP 成分のように特別に付けられた名前はありません。

7.2.2 実　験　装　置

VEP を用いて BCI を実装する場合，脳波計や解析用コンピュータだけでなく，視覚刺激を呈示する装置が必要となります。刺激呈示装置は，大きく分けて **LED**（light-emitting diode）とコンピュータのディスプレイの 2 種類に分類されます。LED を用いると，**液晶ディスプレイ**（liquid crystal display, **LCD**）や**ブラウン管**（cathode-ray tube, **CRT**）といったコンピュータ用のディスプレイを用いた場合に比べ，振幅の大きい VEP を誘発することができます[122]。しかしながら，実験や試作段階ではコンピュータ用ディスプレイのほうが LED に比べてはるかに便利です[123]。例えば，たくさんの視覚刺激を用意したい場合や視覚刺激のパラメータ（変調方式，サイズ，色，位置など）を柔軟に変更したいとき，LED を用いる場合は電気回路を設計しなければいけません。一方，LCD や CRT を用いる場合は，好きな位置に好きな大きさの視覚刺激を好きなだけ配置することができます。**ヘッドマウントディスプレイ**（head-mounted display, **HMD**）が台頭してからは，HMD と EEG センサを統合した一体型の BCI 装置の開発を目指した研究も盛んに行われています[124]。

VEP は視覚刺激を知覚してから一定の潜時で観測されるため，潜時は注視刺激を特定するための重要な手がかりとなります。したがって，視覚刺激が呈示されるタイミングと脳波信号のタイミングを正確に同期する必要があります。伝統的には，視覚刺激の呈示に用いるコンピュータから出力したイベントトリガを，脳波計のイベント入力端子から取り込み，脳波信号と一緒に保存する方法が一般的でした。しかしながら，この方法は，視覚刺激と脳波計以外にもさまざまな計測器（視野計やモーションキャプチャなど）を同期させたい場合にとても複雑になることや，現行のコンピュータにはほとんど搭載されていないパラレルポートを必要とする場合があるなど，不便な点が存在します。Lab streaming layer（LSL）†というオープンソースのソフトウェアを用いることで，複数の計測器の同期を行うこともでき，VEP に基づく BCI の研究においても採用例が多くあります[37),125)]。

視覚刺激装置が用意できたら，視覚刺激と脳波の同期が正確に取れているか，必ず実験前に確認することをお勧めします。例えば，フォトダイオードやフォトトランジスタなどの光検出器の電圧を脳波計に入力し，イベントトリガとともに保存・解析することで，視覚刺激とイベントトリガが同時に発生しているかを確認することができます。ほかにも，視覚刺激が所望のタイミングで呈示されているか，フレームロスが起きていないかなども，ここで確認しましょう。特に，周波数変調方式や符号変調方式を用いる場合，フレームロスによってデータの質が著しく低下してしまいます。実験環境や装置に応じて適切な手段で実験系の検証を行うことを心がけましょう。

コーヒーブレイク

刺激呈示を伴う実験課題の場合は，刺激と脳波が同期されていることが重要ですと 3.2 節で説明しました。さらに，SSVEP や c-VEP の実験の場合，同期だけでなくフレームロスが起きていないかどうかに気を配る必要があります。仮に，60 Hz のリフレッシュレートのモニタを用いて実験を行っているときに，刺激呈示が 1 フレーム遅れたとすると約 17 ms の遅延が発生することになり，データの質を著しく低下させてしまいます。このような事態を避けるために，3.2 節で

† https://github.com/sccn/labstreaminglayer

解説したように光センサを用いてフレームロスが生じていないかを実験の前に必ず確かめるようにしましょう。

SSVEP や c-VEP のための正確な視覚刺激を呈示するためのプログラミングのテクニックも存在します。筆者の中西らは，すべての視覚刺激を描画した全フレーム分の画像を事前に作成・メモリに格納しておく方法を用いています。この方法では，刺激呈示の際には保存しておいた画像を描画するだけでよく，フレームごとの演算コストを最小限に抑えることでフレームロスを回避することができます。従来の研究では，フレームごとに視覚刺激を一つひとつ描画する方法が用いられていましたが，この方法では描画するオブジェクトが増えるに従って演算コストが増大します。また，リフレッシュレートが高くなるに従って，描画に割ける時間も短くなるため，この方法は現実的ではありません。このテクニックを用いると，各フレームにおける演算コストは描画するオブジェクトの数に依存しません。欠点は，膨大なメモリを必要とすることで，必要なメモリは描画レートや解像度，刺激呈示時間に依存します。

7.3 前　処　理

7.3.1 基準電位の再参照

3.1 節で解説したように，基準電位の再参照は電位の頭皮分布の和が 0 になるように極性を調節するために用いられますが，適切に扱うことで電極間に共通な雑音やアーチファクトを除去したり，解析対象の脳波成分を強調することができます。一般的な脳波計測では，脳活動による影響を受けにくい**耳朶**（earlobe）や**乳様突起**（mastoid）などを基準電極とした単極誘導法が用いられます。もし解析対象の脳波成分をあらかじめ想定していて，解析対象の電極位置も目星がついているのであれば，それらの電極からできるだけ離れた位置に再参照電位を取ると，SN 比向上の効果が期待できます。例えば，解析対象が VEP の場合，Oz を中心とした後頭部電極を解析することになるので，Fpz や Fz などの前頭部を基準とするとよいでしょう。後頭部の脳波信号しか計測していない場合は，耳朶などのデフォルトの基準電極をそのまま用いることをお勧めします。

間違っても，Oz を再参照電位として O1 や O2 の脳波信号を解析しようとして，VEP 成分をきれいにキャンセルしてしまうことがないように注意しましょう。よくある失敗例として，後頭部の電極のみを用いた平均電位の再参照を適用して，VEP がほとんどなくなってしまっているケースが見られます。

7.3.2 空間フィルタリング

脳波信号の空間情報を利用して脳由来の成分と雑音を分離する手法を空間フィルタといいます。VEP における空間フィルタは，他の脳波成分における空間フィルタとは別に，独自の発展をしてきました。VEP は他の脳波特徴に比べて振幅と潜時の分散が小さく，試行ごとに似たような波形が得られます。このような特徴から，**課題関連成分分析**（task-related component analysis, **TRCA**）という手法を用いると，VEP に特に効果的な空間フィルタを構築できることが知られています[67)]。

TRCA を用いることで，課題を行っているときの脳波成分の再現性が高くなるような線形結合係数を求めることができます。まず，頭皮脳波 $\boldsymbol{x}[n] = [x_1[n], x_2[n], \cdots, x_M[n]]^T \in \mathbb{R}^M$ は，課題に関連して生じる脳波特徴 $s[n] \in \mathbb{R}$ と課題に関連しない雑音成分 $\eta[n] \in \mathbb{R}$ の二つから構成されると仮定します。

$$x_m[n] = a_{1,m}s[n] + a_{2,m}\eta[n], \quad m = 1, 2, \cdots, M \tag{7.1}$$

このとき，観測信号 $\boldsymbol{x}[n]$ から課題に関連する脳波特徴 $s[n]$ にできるだけ似た成分（課題関連成分）$y[n]$ を再構成する問題を考えます。

$$\begin{aligned} y[n] &= \sum_{m=1}^{M} w_m x_m[n] \\ &= \sum_{m=1}^{M} (w_m a_{1,m} s[n] + w_m a_{2,m} \eta[n]) \end{aligned} \tag{7.2}$$

式 (7.2) が理想解，すなわち $\sum_{m=1}^{M} w_m a_{1,m} = 1$ と $\sum_{m=1}^{M} w_m a_{2,m} = 0$ が得られたとき，課題関連成分は脳波成分に一致（$y[n] = s[n]$）しますが，$a_{1,m}$ と $a_{2,m}$

は未知なので，できるだけ $y[n]$ が $s[n]$ に近くなるように重み w_m を定めます。

TRCA は，$y[n]$ について試行間の共分散を最大化することで重みを求める方法です。まず，$x[n]$ や $y[n]$ をすべての実験試行を含む連続信号であると仮定します。そして，観測信号と推定された成分において，これらの連続信号から h 番目の試行区間のデータを抽出したものをそれぞれ $\boldsymbol{x}^{(h)}[n]$ と $y^{(h)}[n]$ とします。このとき，h_1 番目と h_2 番目の試行間の $y[n]$ の共分散は

$$\begin{aligned} C_{h_1,h_2} &= \mathrm{Cov}\left(\{y^{(h_1)}[n]\}_n, \{y^{(h_2)}[n]\}_n\right) \\ &= \sum_{m_1,m_2=1}^{M} w_{m_1} w_{m_2} \mathrm{Cov}\left(\{x_{m_1}^{(h_1)}[n]\}_n, \{x_{m_2}^{(h_2)}[n]\}_n\right) \end{aligned} \tag{7.3}$$

で与えられます。さらに，すべての試行の組合せについて共分散を計算し，それらを

$$\begin{aligned} \sum_{\substack{h_1,h_2=1 \\ h_1 \neq h_2}}^{N_t} C_{h_1,h_2} &= \sum_{\substack{h_1,h_2=1 \\ h_1 \neq h_2}}^{N_t} \sum_{m_1,m_2=1}^{M} w_{m_1} w_{m_2} \mathrm{Cov}\left(\{x_{m_1}^{(h_1)}[n]\}_n, \{x_{m_2}^{(h_2)}[n]\}_n\right) \\ &= \boldsymbol{w}^T \boldsymbol{S} \boldsymbol{w} \end{aligned} \tag{7.4}$$

のように加算します。ここで，N_t は総試行数，行列 $\boldsymbol{S} \in \mathbb{R}^{M \times M}$ は

$$S_{m_1 m_2} = \sum_{\substack{h_1,h_2=1 \\ h_1 \neq h_2}}^{N_t} \mathrm{Cov}\left(\{x_{m_1}^{(h_1)}[n]\}_n, \{x_{m_2}^{(h_2)}[n]\}_n\right) \tag{7.5}$$

と定義します。さらに，有限解を得るために，$y[n]$ の分散

$$\begin{aligned} \mathrm{Var}\left(\{y[n]\}_n\right) &= \sum_{m_1,m_2=1}^{M} w_{m_1} w_{m_2} \mathrm{Cov}\left(\{x_{m_1}[n]\}_n, \{x_{m_2}[n]\}_n\right) \\ &= \boldsymbol{w}^T \boldsymbol{Q} \boldsymbol{w} \\ &= 1 \end{aligned} \tag{7.6}$$

を制約として，式 (7.4) を解きます。ここで $\boldsymbol{Q}$ は

$$Q_{m_1 m_2} = \mathrm{Cov}\left(\{x_{m_1}[n]\}_n, \{x_{m_2}[n]\}_n\right) \tag{7.7}$$

です。この問題は

$$\hat{\boldsymbol{w}} = \underset{\boldsymbol{w}}{\operatorname{argmax}} \frac{\boldsymbol{w}^T \boldsymbol{S} \boldsymbol{w}}{\boldsymbol{w}^T \boldsymbol{Q} \boldsymbol{w}} \tag{7.8}$$

のようにレイリー商として表すことができ，行列 $\boldsymbol{S}$，$\boldsymbol{Q}$ の一般化固有値問題を解くことで最適解が得られます。式 (7.8) を解くと，M 個の固有値と固有ベクトルが求められます。最大固有値に対応する固有ベクトルを空間フィルタ w として用いることで，雑音成分を除去し，課題に関連する成分（すなわち VEP 成分）のみを $y[n] = \boldsymbol{w}^T \boldsymbol{X}[n]$ として抽出することができます。

本項では TRCA について解説しましたが，VEP の解析にはほかにも**主成分分析**（principal component analysis, **PCA**）や**独立成分分析**（independent component analysis, **ICA**），8 章で紹介する**共通空間パターン**（common spatial pattern, **CSP**）などの伝統的な多変量解析手法を応用したものが用いられることもあります[126)]。また，3.1 節で解説した近傍電極の平均電位を用いた再参照なども空間フィルタの一種として考えることができます。

7.3.3　周波数フィルタリングとフィルタバンク

一般的な脳波解析の場合と同様に，VEP を解析する際にも周波数フィルタリングは有効です。3.2 節でも触れたように，まずは商用交流電源に由来するノイズを遮断するために，実験が行われた地域に適切な遮断周波数のノッチフィルタを適用しましょう。その後，バンドパスフィルタにより解析対象の周波数帯域以外を遮断しておくとよいでしょう。

適切な遮断周波数は VEP の種類や実験条件，特徴量の抽出手法により異なります。例えば，t-VEP の時系列振幅特徴を扱う場合には，遮断周波数を 0.1 Hz としたハイパスフィルタにより直流成分を除去し，10 Hz 程度の遮断周波数を持つローパスフィルタを適用することで，精度よくピーク検出を行うことができます[127)]。f-VEP の場合，周波数特徴を扱う際にはフィルタによる効果はあまりありませんが，時間特徴を扱う際にはフィルタリング処理は必須となります。遮断周波数は視覚刺激の変調に用いる周波数に応じて決定するとよいでしょう。

例えば，刺激周波数が 8 Hz から 12 Hz の間である場合，ハイパスフィルタにより 8 Hz 以下の余分な成分を除去することで，識別精度を向上させることができます。c-VEP の場合も同様に，刺激の変調に用いる符号列の周波数帯域に応じて遮断周波数を決定するとよいでしょう。

さらに高度なテクニックとして，フィルタバンクを用いることが推奨されています[128)]。例えば，f-VEP は刺激周波数と同じ周波数（基本周波数）成分だけでなく，高調波成分も誘発します。一般に，第 2 高調波成分や第 3 高調波成分は実験参加者によらず顕著に現れることが多いですが，実験参加者によっては第 6，第 7 高調波成分まで現れることがあります。したがって，これらの高調波成分をフィルタバンクにより分解し，高調波成分ごとに特徴抽出を行うことで，識別精度をさらに向上させることができます。**図 7.3** に，8 Hz から 15.8 Hz の刺激周波数に対する高調波成分を抽出するために設計されたフィルタバンクを示します[128)]。図の枠は，各フィルタバンクの通過帯域を示しています。各フィルタは，基本周波数や各高調波成分の中で最も低い周波数を含むように設計されています。例えば，一番下に示すフィルタは，基本周波数の中で最も低い周波数である 8 Hz を，2 番目のフィルタは第 2 高調波の中で最も低い周波数である 16 Hz を含むように設計されています。もちろん，フィルタバンクの設計は使用する視覚刺激の周波数によって変更する必要がありますが，上記のような方針で適宜設計するとよいでしょう。余談ですが，高調波成分のようにかなり

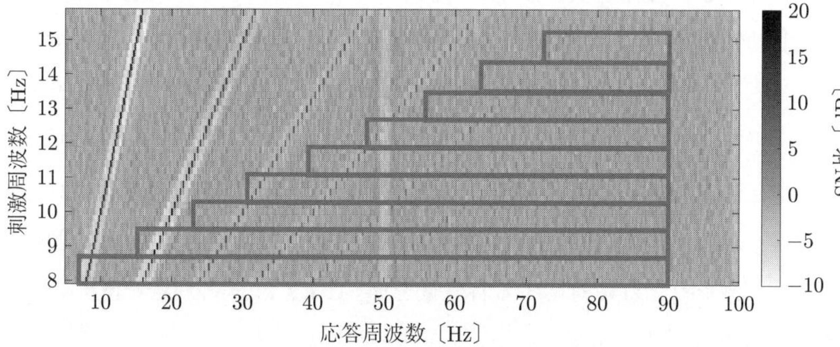

図 7.3　SSVEP の高調波成分とフィルタバンクによる高調波特徴の抽出[128)]

高い周波数の脳波成分も BCI の精度向上に大きく貢献するため，データを計測する際は少なくとも 100 Hz 程度までカバーできるようなサンプリング周波数を設定しましょう。

7.4 特徴抽出と識別

7.4.1 時間変調特徴量の識別

t-VEP を検出するには，第 6 章で解説した ERP の解析方法を利用することができます。すなわち，加算平均により**信号対雑音比**（signal-to-noise ratio, **SNR**）を向上させ，ピーク振幅の値を特徴量として t-VEP を検出することができます。振幅特徴のみを用いた訓練データを必要としない手法や，訓練データを要する機械学習を用いた手法が提案されています。

（1） ピークバレー振幅や面積振幅を用いた手法　誘発したい t-VEP を構成する ERP が既知であるときは，モデルベースの解析手法を用いることで，複雑な機械学習を用いずに注視刺激を特定することができます。例えば，FVEP は N2 や P2 がおもな構成成分であるため，これらの成分が脳波信号中に観測された場合，その約 100〜200 ms 前に点灯していた刺激が注視刺激であると推定できます。

N2 や P2 が脳波信号中に出現したことを確認するためには，ピークバレー振幅や面積振幅といった特徴量が用いられます[129)]。これらの特徴量を計算するには，まず窓関数を用いて事象が起きた後数百 ms の脳波成分を抽出します。つぎに，ピークバレー振幅の場合は時間窓中の陽性ピークと陰性ピークの振幅の差を，面積振幅の場合は時間窓中の信号の面積（つまり，信号の絶対値の総和）を特徴量として計算します。すべての視覚刺激が点灯した後，各刺激に対応する特徴量を求め，最も値が大きい刺激を注視刺激として特定します。N_c 個のフラッシュ刺激それぞれに対応する特徴量を x_ω とし，つぎの問題を解くことでクラスラベル $\Omega = \{\omega_1, \omega_2, \cdots, \omega_{N_c}\}$ を求めます。

$$\hat{\omega} = \underset{\omega \in \Omega}{\operatorname{argmax}}\, x_{\omega} \tag{7.9}$$

実用的なテクニックとして，特徴抽出前にローパスフィルタや加算平均法などの前処理を適用することで，より高精度な t-VEP の検出が可能となります。FVEP の場合はおもに Oz チャネルの脳波信号が用いられますが[129]，m-VEP では P7 や Pz といったチャネルも用いられます[130]。また，ユーザごとに最適な電極位置を見つける工夫をすることで，より信頼性の高いシステム操作が可能になります。

（2）線形判別分析を用いた手法　第 6 章では P300 を LDA やステップワイズ法により識別する方法を解説しました。これらの手法は t-VEP の検出でも威力を発揮します。線形判別分析を用いて t-VEP を検出するためには，脳波振幅の時間的経過を特徴量として用います[127]。まず，窓関数を用いて，t-VEP のおもな構成要素である P2 や N2 といった ERP を含む脳波区間を抽出します。このとき，特徴量の次元が大きくなりすぎないよう，必要に応じてデータをリサンプリングするとよいでしょう。過去の研究では，観測データにカットオフ周波数が 10 Hz のローパスフィルタを適用した後に，それらを 20 サンプル/s にリサンプリングしています[127]。この時系列データを特徴量として，第 2 章や 6.6.2 項で解説した LDA や，その他の一般的な機械学習手法を用いて t-VEP を検出することができます。

7.4.2 周波数変調特徴量の識別

SSVEP は周期的かつ定常的な脳波特徴なので，周波数解析により得られた振幅スペクトルを特徴量とした検出方法が一般的とされてきました。近年では位相変調が導入されたことをきっかけに，位相スペクトルや時間的な特徴を用いた手法も提案されています。

（1）周波数解析を用いた識別　周波数変調された SSVEP を識別するうえで最も単純な手法は，周波数解析を行うものです。第 2 章で解説した離散フーリエ変換を SSVEP を含む脳波に適用すると，視覚刺激と同じ周波数とその高調波成分にピークを持つ振幅スペクトルが得られます（**図 7.4**）。したがって，振幅スペクトルからピークを検出することで，注視刺激を特定することができます。

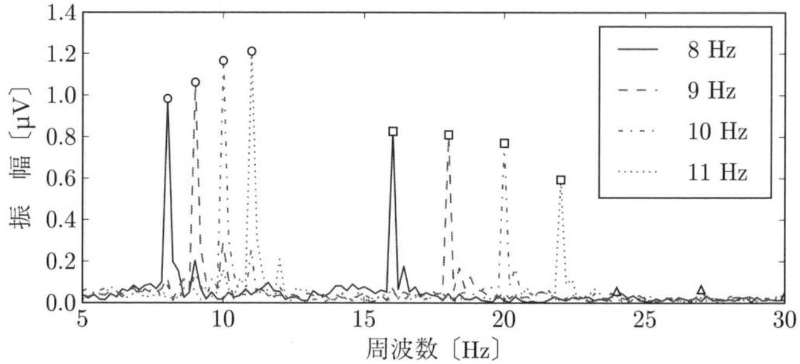

図 7.4　周波数変調方式により誘発された VEP の振幅スペクトル

まず，脳波信号 $x[n]$ に対して式 (2.78) を用いて離散フーリエ変換 $X[m]$ を求めます。ここで解析の興味対象となるのは，視覚刺激の変調に用いられている周波数のみですので，これらの周波数に対する振幅値を特徴量として扱います。c 番目の視覚刺激の周波数に対応する周波数領域におけるインデックスを m_c とすると，これらの周波数に対応する離散フーリエ変換は $X[m_c]$ と表されます。ここで，c 番目の視覚刺激の変調周波数を f_c，脳波のサンプリング周波数を F_s，信号長を N とすると，m_c は

$$m_c = f_c \frac{N}{F_s} \tag{7.10}$$

として求めることができます。第 2 章でも述べたように，離散フーリエ変換の周波数解像度は，サンプリング周波数と信号長によって決まります。つまり，視覚刺激の周波数解像度に応じて，適当な長さのデータが必要となります。もしデータが短く，所望の周波数解像度が実現できない場合は，ゼロパディングなどの方法を用いて対処することができます。周波数変調された SSVEP を検出するには，振幅特徴量 $|X[m_c]|$ を用いて

$$\hat{\omega} = \underset{c}{\operatorname{argmax}} |X[m_c]| \tag{7.11}$$

を解くことで，注視刺激を求めることができます。

位相変調されたSSVEPを検出する際も，離散フーリエ変換のような周波数解析手法を用いることができます。複数の視覚刺激が，初期位相は異なるが同じ周波数 f（対応するインデックスを m とする）で変調されているとき

$$\hat{\omega} = \underset{c}{\operatorname{argmax}} \cos\left(\angle X[m] - \phi_c\right) \tag{7.12}$$

を解くことで，注視刺激を特定することができます。ここで，ϕ_c を c 番目の視覚刺激の位相とします。この位相 ϕ_c は，視覚刺激のパラメータを用いてもよいですが，訓練データから求めたユーザ固有の値を用いると，より高精度に分類することができます[118),131)]。

ここで解説した周波数解析手法は，Oz のように SSVEP が最も顕著に現れる単一のチャネルを選択して適用することが一般的です。しかしながら，複数のチャネルのデータが利用できる場合，基準電極の再参照や，複数チャネルの平均値を特徴量とするなどの方法により，多チャネルの利点を生かすことができます。また，線形判別分析などの機械学習を用いることもできますが，訓練データを用意する必要があるため，実用上の不便が生じてしまいます。

(2) 正準相関分析を用いた識別　(1) では，周波数解析を用いた手法では，単一のチャネルのみを解析することが一般的であると解説しました。一方，第2章で解説した**正準相関分析**（canonical correlation analysis, **CCA**）を用いると，多チャネル計測の利点を生かした周波数検出を実現することができます。

CCA は，二組の多変量変数間の相関に関する情報を，少ない変数によって表す手法です（第2章）。SSVEP の周波数情報を検出するためには，脳波信号と SSVEP のモデル信号との相関を最大化する CCA を解きます。SSVEP のモデル信号は，次式のように正弦波と余弦波を用いて

$$\boldsymbol{y}_c[n] = [\sin[2\pi f_c n], \cos[2\pi f_c n], \cdots, \sin[2\pi N_h f_c n], \cos[2\pi N_h f_c n]]^T \tag{7.13}$$

と表現することができます[132)]。ここで，N_h は SSVEP のモデルとして考慮する高調波の数を表します。刺激周波数にもよりますが，10 Hz 帯域の刺激周波数を用いる場合，少なくとも第 3 高調波まで含めるとよいでしょう[133)]。すべての視覚刺激に対応するモデル信号を用意したら，式 (2.105) を解いて正準相関係数 r_c を計算します。次式のように，正準相関係数 r_c を最大にするモデル信号に対応する視覚刺激を注視刺激として推定することができます。

$$\hat{\omega} = \underset{c}{\operatorname{argmax}}\, r_c \tag{7.14}$$

モデル信号に正弦波だけでなく余弦波も加えることで，式 (2.105) を解く過程で位相が（三角関数の合成により）調整された正弦波が新たなモデル信号として得られます。したがって，個人差の影響などにより SSVEP の位相が未知の状態でも，モデル信号が自動的に最適化されます。一方，この手法では位相変調された SSVEP を検出することはできません。位相変調された SSVEP を検出するためには，余弦波を除き，位相を与えた正弦波のみをモデル信号として持ちます。c 番目の視覚刺激の初期位相を ϕ_c とすると，このモデル信号は

$$\boldsymbol{y}_c[n] = [\sin[2\pi f_c n + \phi_c], \sin[2\pi 2 f_c n + \phi_c] \cdots, \sin[2\pi N_h f_c n + \phi_c]]^T \tag{7.15}$$

と表されます。しかしながら，SSVEP の潜時は個人差や計測システムの遅延の影響を受けるため，最適な位相をモデル信号に加えるためには訓練データを計測して個人ごとの位相を求めておく必要があります。

(3)　テンプレートマッチングを用いた手法　　周波数変調された SSVEP は，周波数解析や正準相関分析などの比較的シンプルなモデルベースの学習により検出できます。一方，近年では訓練データを用いることで，より高精度な検出ができることが明らかになりました[131)]。

訓練データを用いる手法の代表例であるテンプレートマッチングを用いた手法では，まずそれぞれの視覚刺激に対する訓練データからテンプレートを作成します。各視覚刺激から N_t 個の訓練データ $\bar{x}_c^{(h)}[n]$ を計測した場合，c 番目の

テンプレート $\bar{\boldsymbol{X}}_c^{(h)}[n]$ は訓練データの加算平均

$$\bar{\boldsymbol{X}}_c[n] = \frac{1}{N_t}\sum_{h=1}^{N_t} \bar{x}_c^{(h)}[n] \tag{7.16}$$

により得られます。このテンプレートと識別したい脳波信号の相関係数を特徴量とすることで，注視刺激を特定することができます。このとき，7.3.2 項で解説した空間フィルタを適用して SN 比を向上させましょう。したがって，c 番目の視覚刺激に対する特徴量 ρ_c は

$$\rho_c = \mathrm{Corr}\left(\boldsymbol{w}_c^T \boldsymbol{X}, \boldsymbol{w}_c^T \bar{\boldsymbol{X}}\right) \tag{7.17}$$

として求めることができます。ここで，$\boldsymbol{w}_c$ は c 番目の視覚刺激に対する空間フィルタを意味します。空間フィルタは CCA や TRCA など，目的に応じて適切なものを選択しましょう。この特徴量を用いて次式を解くことで，注視刺激を特定することができます。

$$\hat{\omega} = \underset{c}{\mathrm{argmax}}\, \rho_c \tag{7.18}$$

テンプレートマッチングを用いた手法は，周波数変調だけでなく，位相変調された SSVEP にも適用することができます。さらに，周波数-位相結合変調された SSVEP と組み合わせると，より高い検出精度を実現することができます[67)]。

7.4.3 符号変調特徴量の識別

c-VEP は，擬似乱数符合列により変調された視覚刺激により誘発されます。7.4.2 項で解説したテンプレートマッチングを用いた手法は，元々は c-VEP の検出のために提案され，後に SSVEP の検出にも用いられるようになりました。近年では，観測脳波から擬似乱数符合列を直接的に推定する手法も提案されています。周波数変調は擬似乱数符合列による符合変調の特殊なケースと考えることができ，c-VEP の検出で用いられる手法の多くは SSVEP の検出にも適用することができます。

符号変調された c-VEP は，f-VEP の場合と同様にテンプレートマッチング

を用いた手法により検出することができます。アルゴリズムは 7.4.2 項で解説したとおりですが，解析に用いるデータの長さを調節する際は注意が必要です。M 系列により擬似乱数符合列を生成する場合，符合列の長さは 2^m-1（m はパラメータ）となります。また，符号変調では一つの M 系列を循環シフトすることで複数の変調符号列を生成することが一般的です。したがって，テンプレートを作る際は，一つの視覚刺激から誘発される脳波信号を循環シフトすることで，個々の視覚刺激に対応する複数のテンプレートを生成することができ，学習データを計測する時間を短縮することができます。例えば，学習ステージにおいて，ある視覚刺激 r を注視する試行を N_t 回行うとします。観測された学習データの n 回目の試行を $x_n[n]$ とすると，視覚刺激 r に対するテンプレート $M_r[n]$ は

$$M_r[n] = \frac{1}{N_t}\sum_{n=1}^{N_t} x_n[n] \tag{7.19}$$

により生成されます。さらに，他の視覚刺激 k に対するテンプレートは

$$M_k[n] = M_r(t-(\tau_k-\tau_r)), \quad k = 1, 2, \cdots, N_f \tag{7.20}$$

のように，$M_r[n]$ を用いて生成することができます。ここで，k は視覚刺激のインデックス，N_f は視覚刺激数，N はデータ長，$\tau_k-\tau_r$ は視覚刺激 k と r 間の時間差を表します。すべての視覚刺激に対するテンプレートが用意できたら，式 (7.17) の $\bar{\boldsymbol{X}}$ を M_k に置き換えて特徴量を計算し，式 (7.18) により注視刺激を求めることができます。

7.5 応 用 事 例

7.5.1 ス ペ ラ

BCI は肢体不自由者や ALS 患者などへのコミュニケーション支援を目的として発展してきました。特に，1988 年に Farwell と Donchin が P300 を用いて開発したスペラは，脳波による文字入力を可能にした初の研究としてよく知

られています[9]。その後，2000 年代には VEP（特に SSVEP）を用いたスペラもいくつか開発されました。しかしながら，当時の SSVEP に基づく BCI はコマンド数が少なく，文字入力を行うには工夫する必要がありました。例えば，Higger らのスペラは，4 種類の視覚刺激を呈示する画面を 3 層用意することで，64（$= 4^3$）種類の文字や記号，数字を入力できる装置を開発しました[134]。また，Volosyak らは，VEP 用の視覚刺激を五つ用意し，それらを上下左右方向の移動と決定を行うコマンドに対応させ，画面に表示された 32 種類の文字から一つを選択できる BCI を開発しました[135]。しかしながら，これらは一つの文字を入力するために複数のコマンド入力を行う必要があるため，ITR は 20〜30 bits/min 程度でした。2010 年代になり，コンピュータ画面にたくさんの視覚刺激を呈示できる手法が提案され，それに適した信号処理手法が開発されたことにより，VEP に基づく BCI の性能は飛躍的に向上しました。現時点の結果では，40 種類のコマンド（英文字 26 種類，数字 10 種類，記号 4 種類）を持つスペラが開発され，300 bits/min を超える ITR を達成しました（**図 7.5**）[66,67]。

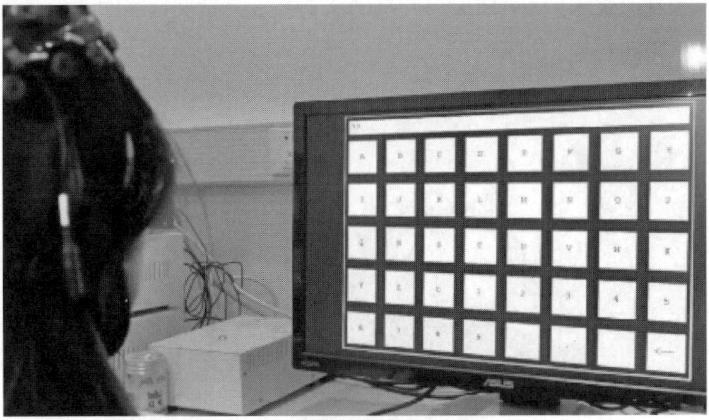

図 **7.5**　SSVEP による BCI スペラ[67]

7.5.2 緑内障診断

VEP は BCI のような工学応用だけでなく，視覚神経科学や眼科学における研究手段としても採用されてきました[136]。緑内障のような視神経症の診断も，

VEP の応用例の一つです。緑内障は，眼球から入力された情報を脳に伝達する視神経に障害が起こり視野が狭くなる病気であり，失明に至ることもあります。また，進行は非常にゆっくりで，自覚症状がほとんどなく，早期の発見が難しいことが課題となっています。緑内障は**静的視野検査**（standard automated perimetry, **SAP**）という検査法により診断されます。これは，視野上のさまざまな位置に光が呈示され，光を認識したらブザーを押すことで健常な視野を判定する主観的な検査法です。しかしながら，これは非常に主観的な方法であり，検査結果の再現性に乏しいことが問題とされています。

一方，VEP を用いることで，より客観的で高精度な診断を行うことができます。Nakanishi らの研究では，**図 7.6** のような**多焦点の周波数変調刺激**（multi-focal SSVEP, **mfSSVEP**）を用いました[124)]。視覚刺激は 20 個のセクタに分かれており，各セクタが異なる周波数により変調されています。実験参加者は，刺激の中央にある固視点を注視することで，各セクタが網膜上の異なる領域を刺激することができ，細分化された視野の欠損を評価することができます。この方法により，従来の SAP を用いた手法よりも高精度に緑内障の有無を診断することに成功しました。

図 7.6　mfSSVEP を用いた緑内障診断[124)]

7.6 む す び

本章では，視覚誘発電位に基づくBCIについて紹介しました。視覚誘発電位は，刺激の変調方式によってt-VEP，f-VEP，c-VEP，s-VEPの4種類に分類され，それぞれに特有の信号処理手法が提案されてきました。特に，f-VEPとc-VEPに基づくBCIは，刺激呈示におけるさまざまな工夫やより高度な信号処理手法が提案されたことにより，300 bits/minを超える非常に高い情報伝達率を達成できるようになりました。VEPに基づくBCIの代表的な応用例はスペラ[66),67)]ですが，近年では，緑内障の診断装置など，医療分野への応用も進められています[124)]。

VEPに基づくBCIの今後の課題は，非同期型BCIへの改良，転移学習による訓練データ計測コストの軽減，応用分野の拡大などが挙げられます。特に，VRディスプレイと組み合わせることによる，エンターテインメント分野への応用も期待されています。

8 運動関連応答による BCI

Next SIP

人間が手や足などを動かすとき，運動前後で運動野周辺に脳波の変動を観測することができます。この運動に関連した反応は，実際の運動（随意運動）だけでなく，運動の想像（運動想起）や運動意図，また外部機器による強制的な運動（受動運動）でも観測できます。さらに興味深いのは，ユーザ自身，または他人の運動を観測しているときにも運動野が反応することがわかってきました。

この運動関連反応を用いると，ある身体部位の運動を想起することでコマンドを入力できる BCI を設計できます。身体部位とは，右手，左手，足，舌などです。例えば，右手運動の想起が一つのコマンドに対応します。この運動想起を用いて，右手と左手の運動想起を分類しようと試みたのが Pfurtscheller[10)] らです。この研究が世に出て以降，運動関連応答を用いた BCI の研究が一気に活発化しました。

8.1 運動関連応答

人間が運動を準備するとき，またその運動を実行するとき，感覚運動野（頭頂部）付近で α 帯（10 Hz 前後の帯域）の振幅が減少することが知られています。これは**事象関連脱同期**（event-related desynchronization, **ERD**）と呼ばれます[10)]。そして，運動が終了すると，今度は α 帯の振幅が増大します。これは，**事象関連同期**（event-related synchronization, **ERS**）と呼ばれます。ERD や ERS は，運動をする身体部位によって，運動野の異なる領域から発生することが知られています[10),137),138)]。このことから，ERD/ERS が誘発される部位を検出することで，脳波からどの身体部位に運動が起きたのかを推定することができます。

このERD/ERSは，実際の運動（自律運動）だけでなく，運動を想像することでも誘発されることが知られています。このような運動の想像は，**運動想起**（motor-imagery, **MI**）と呼ばれ，スポーツにおけるイメージトレーニングはこれにあたります。これに対して実際に身体を動かすことを随意運動と呼びますが，随意運動と同様の脳活動が運動想起の場合にも観測できることが知られています。これを利用したBCIが，**運動想起 BCI**（motor-imagery BCI）です。

図 8.1 は，ERDが発生している例を示しています。この図は，左手の運動想起，右手の運動想起をしている間の脳波を計測し，α 帯域（8〜13 Hz）のERDを式 (4.22) によって強度をプロットしたものです†。ここでは，「むすんでひらいて」の要領で，手を開いて閉じる運動を反復する想起をしています。$t = 0$ に，どちらの手の運動想起をすべきかの指示（キュー）が画面に出ます。その直後に，指示された手の運動を想起するタスクとなっています。どちらの帯域でも，$t = 0$ 以降に信号強度の低下を観測できます。これがERDです[10)]。その後，運動想起が実際に開始された後に，強度の増加を観測します。これがERSです。

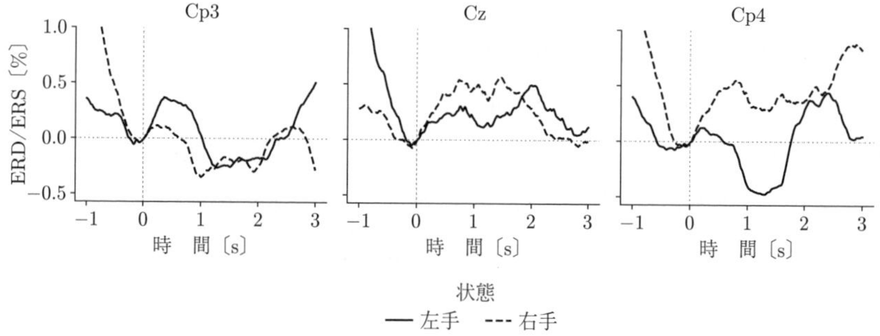

図 8.1 事象関連脱同期（ERD）

運動野から手や足につながっている神経は，延髄で左右交叉します（錐体交叉）。随意運動だけではなく，運動想起も同様に，右手の運動は脳の左半球が担

† 5.3 節の表 5.2 に示した Physionet のデータセットを用いています。

当し，左手は右半球が担当しています。したがって，図 8.1 では，Cp3 電極（左半球）では，右手の運動想起時に ERD を観測できます。Cp4 電極（右半球）では，左手の運動想起時に ERD を観測できます。BCI はこの ERD を検出することで，外部に向けたメッセージとするのです。

興味深いことに，ERD/ERS は健常者のみならず，脳卒中などの脳疾患で身体が麻痺した患者が運動想起したときにも，脳波に観測されることがわかっています†。つまり，脳卒中などの脳神経疾患により半身麻痺を患った患者が，運動の意図を外部に伝えることが原理的には可能となります。また，脳に障害がなく，脊髄に損傷を受けてしまった場合にも，ERD/ERS を観測することができます。このことから，ERD/ERS を検出することで，身体麻痺患者の運動関連活動（運動意図や運動想起）を検出し，外部にそのメッセージを伝達する BCI について盛んに研究されてきました[139)]。特に運動想起の BCI は，ユーザの意図のみから発生する脳波の反応を用いるため，外部からの刺激を必要としません。これは BCI の形としては一つの理想形といえます。

8.2　運動想起脳波のパターン認識

8.2.1　共分散行列による特徴表現

ERD は特定周波数帯における脳波のパワーによって特徴づけられました。これは神経生理学的に意味づけしやすい定量化ですが，運動想起に関連した脳波のパターン識別という立場からは，せっかく多チャネルの脳波があるのだから，チャネルどうしの関連性を見ればいいのではないか，と発想するのは自然なことです。

そこで，特定の活動に関連する脳波は，脳の特定の部位より生成され，それを複数のセンサ（脳波であれば電極）で観測したとします。これをモデル化するために，ある活動（運動想起）に関連した脳活動の信号源を $s[n]$ とします。この信号源は M 個のセンサで観測されます。この観測信号から，運動に関係

† ただし，重症の脳卒中の患者には観測できない場合もあります。

する周波数帯（α や β 帯域）だけ抽出した信号を $x_m[n], m=1,2,\cdots,M$ とします。信号は反射せずに即時センサまで到達するとすれば

$$x_m[n] = a_m s[n] + n_m[n] \tag{8.1}$$

で観測過程を記述できます。ここで，$n_m[n]$ は観測雑音，a_m が信号源からセンサまでの伝達関数です。

観測信号 $x_m[n]$ が与えられたとき，未知の信号源 $s[n]$ を推定するにはさまざまな方法がありますが，最も簡潔な手法は線形モデル

$$y[n] = w_1 x_1[n] + w_2 x_2[n] + \cdots + w_M x_M[n] = \boldsymbol{w}^T \boldsymbol{x}[n] \tag{8.2}$$

です。ここで，$\boldsymbol{w} = [w_1, w_2, \cdots, w_M]^T \in \mathbb{R}^M$，$\boldsymbol{x}[n] = [x_1[n], x_2[n], \cdots, x_M[n]]^T \in \mathbb{R}^M$ です。これは，多チャネルの観測を適当な重みを付けて平均すれば，信号源に近いものが得られるであろう，という考え方によります。

各チャネルの（狭帯域）信号 $x_m(t)$ の平均パワー $\overline{p}_m = E|x_m[n]|^2$ で ERD を定量化したように，推定した信号源 $y[n]$ の平均パワー $\overline{p}_y$ を計算してみましょう。式 (8.2) より，$|y[n]|^2 = (\boldsymbol{w}^T\boldsymbol{x}[n])(\boldsymbol{w}^T\boldsymbol{x}[n])^T = \boldsymbol{w}^T(\boldsymbol{x}[n]\boldsymbol{x}^T[n])\boldsymbol{w}$ が成り立つため

$$\begin{aligned} \overline{p}_y &= E|y[n]|^2 \\ &= \boldsymbol{w}^T E[\boldsymbol{x}[n]\boldsymbol{x}^T[n]]\boldsymbol{w} \end{aligned} \tag{8.3}$$

が得られます。つまり，信号のパワーは

$$\boldsymbol{R} = E[\boldsymbol{x}[n]\boldsymbol{x}^T[n]] \approx \frac{1}{N}\sum_{n=0}^{N-1} \boldsymbol{x}[n]\boldsymbol{x}^T[n] = \frac{1}{N}\boldsymbol{X}\boldsymbol{X}^T \tag{8.4}$$

によって決まります。統計学的には，$\boldsymbol{R}$ は**相関行列**（correlation matrix）と呼ばれる統計量にほかなりません。式 (8.4) の第 2 式は，期待値計算には確率密度関数が必要となるため，サンプル平均による近似を表しています。また，$\boldsymbol{X} = [\boldsymbol{x}[0], \boldsymbol{x}[1], \cdots, \boldsymbol{x}[N-1]] \in \mathbb{R}^{M\times N}$ は，信号を切り出した行列です。縦がチャネル数 M，横が信号長（時間インデックスの数）N に一致します。

ところで，推定した信号 $y[n]$ の平均パワーではなく，分散を評価する立場もあり得ます。分散は，信号の平均を引いた平均パワー $\sigma_y^2 = E[(y[n]-E[y[n]])^2]$ なので，信号にバイアスがかかっている場合は有用です。$E[y[n]] = \boldsymbol{w}^T E[\boldsymbol{x}[n]] = \boldsymbol{w}^T \boldsymbol{\mu}_x$（ここで，$\boldsymbol{\mu}_x = E[\boldsymbol{x}[n]]$ とおいています）なので

$$\begin{aligned}\sigma_y^2 &= E[(y[n]-E[y[n]])(y[n]-E[y[n]])^T] \\ &= \boldsymbol{w}^T E[(\boldsymbol{x}[n]-\boldsymbol{\mu}_x)(\boldsymbol{x}[n]-\boldsymbol{\mu}_x)^T]\boldsymbol{w} \qquad (8.5)\end{aligned}$$

を得ます。この $\boldsymbol{w}$ に挟まれた項

$$\begin{aligned}\boldsymbol{C} &= E[(\boldsymbol{x}[n]-\boldsymbol{\mu}_x)(\boldsymbol{x}[n]-\boldsymbol{\mu}_x)^T] \\ &\approx \frac{1}{N-1}\sum_{n=0}^{N-1}(\boldsymbol{x}[n]-\boldsymbol{\mu}_x)(\boldsymbol{x}[n]-\boldsymbol{\mu}_x)^T \\ &= \frac{1}{N-1}(\boldsymbol{X}-\boldsymbol{\mu}_x\boldsymbol{1}_N^T)(\boldsymbol{X}-\boldsymbol{\mu}_x\boldsymbol{1}_N^T)^T \qquad (8.6)\end{aligned}$$

は**共分散行列**（covariance matrix）です。上式では，真の共分散行列 $\boldsymbol{C} = E[(\boldsymbol{x}[n]-\boldsymbol{\mu}_x)(\boldsymbol{x}[n]-\boldsymbol{\mu}_x)^T]$ を求めることはできないので，サンプル平均で近似†を用いていることに注意してください。平均ベクトルは，$\boldsymbol{\mu}_x \approx \frac{1}{N}\sum_{n=0}^{N-1}\boldsymbol{x}[n]$ によってサンプルで近似することに注意します。また，$\boldsymbol{1}_N = [\underbrace{1,1,\cdots,1}_{N}]$ です。

以上のように，相関行列や共分散行列は，信号源のパワーや分散の推定に必要なものであるうえ，脳波そのものの特徴量として利用することが可能です。信号源 $s[n]$ を非侵襲的に計測することは不可能であるため，重み係数 $\boldsymbol{w}$ を直接求めることはできません。そこで，運動に関係する脳活動の種類を数種類に限定して，相関行列や共分散行列からのパターン識別問題に帰着させるといっ

† 共分散行列の推定は統計学上重要な問題です。サンプル平均 $\boldsymbol{S} = \frac{1}{N-1}\sum_{n=0}^{N-1}(\boldsymbol{x}[n]-\boldsymbol{\mu}_x)(\boldsymbol{x}[n]-\boldsymbol{\mu}_x)^T$ を用いて推定値とする方法のほか，単位行列を用いて，$\boldsymbol{C} = (1-\alpha)\boldsymbol{S} + \alpha\frac{\mathrm{tr}[\boldsymbol{S}]}{M}\boldsymbol{I}$ を推定値とする方法もあります。これは，**共分散縮小**（covariance shrinkage）と呼ばれます。

た方法が有力です。BCI の場合，あらかじめ想定する運動の種類は限られている（手の運動の左右識別など）ので，この考え方は理にかなっています。

8.2.2 共通空間パターン法

運動の種類が 2 種類のとき，信号源 $y[n]$ を求める方法が**共通空間パターン**（common spatial pattern, **CSP**）**法**[140)~142)] です †。この 2 種類の運動を，タスク 1，タスク 2 と呼ぶことにしましょう。運動の種類は，右手と左手の運動想起だとします。このときは，右手の運動想起をタスク 1，左手の運動想起をタスク 2 と見なせばよいわけです。

単なる運動想起の検出であれば，左半身なら右半球，右半身であれば左半球における ERD の変化を見ることである程度は可能ですが，CSP 法はそれぞれのタスクに対する電極重み（共通空間パターン）を求められるという点で，非侵襲型 BCI のコミュニティで絶大な支持を得ています。

CSP の基本的な考え方は以下のとおりです。まず，タスク 1 を実施中の脳波集合を $\mathcal{C}_1$，タスク 2 を実施中の脳波集合を $\mathcal{C}_2$ とします。線形モデル (8.2) で推定したそれぞれの信号は，$i = 1, 2$ に対して

$$y_i[n] = \boldsymbol{w}^T \boldsymbol{x}[n], \quad \boldsymbol{x}[n] \in \mathcal{C}_i \tag{8.7}$$

です。さらに，推定信号 $y_i[n]$ の分散 σ_i^2 は

$$\begin{aligned}\sigma_i^2 &= E[(y_i[n] - E[y_i[n]])(y_i[n] - E[y_i[n]])^T] \\ &= \boldsymbol{w}^T E[(\boldsymbol{x}[n] - \boldsymbol{\mu}_x)(\boldsymbol{x}[n] - \boldsymbol{\mu}_x)^T]\boldsymbol{w} \\ &= \boldsymbol{w}^T \boldsymbol{C}_i \boldsymbol{w}, \quad \boldsymbol{x}[n] \in \mathcal{C}_i\end{aligned} \tag{8.8}$$

で与えられます。$\boldsymbol{C}_i$ はタスク i の共分散行列（またはその推定したもの）です。もし，重み $\boldsymbol{w}$ がタスク 1 を実施している間の信号源を推定しているのであれば，σ_1^2 は σ_2^2 よりもずっと大きいはず（$\sigma_1^2 > \sigma_2^2$）です。そこで，タスク 1 実施

† 信号源から電極までの伝達関数は不明なので，厳密にいえば $y[n]$ は信号源の推定ではなく，運動を相対的に代表している波形，と解釈することができます。

中の重みを，σ_1^2 と σ_2^2 の比が最大になるものとして決めます。具体的には，評価基準

$$J[\boldsymbol{w}] = \frac{\sigma_1^2}{\sigma_2^2} = \frac{\boldsymbol{w}^T \boldsymbol{C}_1 \boldsymbol{w}}{\boldsymbol{w}^T \boldsymbol{C}_2 \boldsymbol{w}} \tag{8.9}$$

を最大化するように $\boldsymbol{w}$ を定めます。これは信号処理工学的には，タスク 1 の推定信号を所望信号，タスク 2 の推定信号を雑音と見なした SN 比最大化にほかなりません。この $\boldsymbol{w}$ がまさしく CSP になります。この最大化は，一般化固有値問題

$$\boldsymbol{C}_1 \boldsymbol{w} = \lambda \boldsymbol{C}_2 \boldsymbol{w}$$

を解けば，固有値が M 個得られ，それを大きい順に並べたとき，対応する固有ベクトルを $\boldsymbol{w}_1, \boldsymbol{w}_2, \cdots, \boldsymbol{w}_M$ とします。最大固有値に対応する固有ベクトル $\boldsymbol{w}_1$ が最大解であり，部位 1 に対する CSP です。同様にして，部位 2 に関しては，最小固有値に対応する固有ベクトル $\boldsymbol{w}_M$ が部位 2 の CSP となることは容易に示すことができます。**図 8.2** は，左手と右手の運動想起を実施したときの CSP です。左手の運動想起で右半球が，右手の運動想起で左半球が活発に活性化していることがわかります。

つぎに，観測した脳波 $\boldsymbol{X}$ から運動想起の部位をどのように識別すればよいでしょうか。最も単純な識別規則は，$\boldsymbol{w}_1^T \boldsymbol{X}$ の分散 σ_1^2 と $\boldsymbol{w}_M^T \boldsymbol{X}$ の分散 σ_M^2 を求

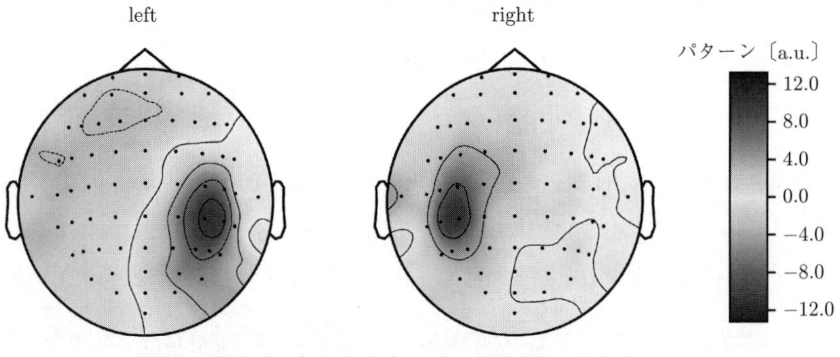

図 8.2　左手（left）と右手（right）の運動想起に対応する CSP

め，$\sigma_1^2 > \sigma_M^2$ なら部位 1，そうでなければ部位 2 と判定するものです。もう少し巧みに，機械学習を用いる方法もあります。上位 r 個の固有ベクトルを部位 1 の特徴抽出器，下位 r 個を部位 2 の特徴抽出器として，特徴ベクトルを構成するのです。例えば，$r = 2$ であれば，特徴ベクトルは

$$\boldsymbol{y} = [\ \underbrace{\sigma_1^2, \sigma_2^2}_{\text{部位 1 の特徴量}}\ ,\ \underbrace{\sigma_{M-1}^2, \sigma_M^2}_{\text{部位 2 の特徴量}}\ ]^T \tag{8.10}$$

のように定義できます。このほかに，分散の対数を取った特徴量が用いられることもあります。あとは，特徴ベクトルを入力とした識別器を，訓練データによって学習し，最終的なクラスの判別を行います。識別器には SVM などを用いることができます。

CSP 法は手法がシンプルなうえ，高い識別能力を持つことが経験的にわかっています。この手法を発展させる形で，さまざまな CSP 法の改良版が提案されています。それらは大きく，2 クラス識別を任意のクラス数にする方法，共分散行列の推定精度を上げる方法，帯域を決定する方法に分けられるでしょう。最後に挙げた帯域の決定とは，運動想起脳波の活動帯域に個人差があることから，帯域をデータのみから自動的に推定する手法のことです[143)]。

8.3　多様体による共分散行列の識別

CSP 法は二つの対立タスク（例えば，右手対左手，右足対安静）を仮定した特徴量の抽出手法です。しかし，実際の BCI のタスクでは，多クラスの識別が必要な場合もあれば，運動想起が起きたか否かの分類（1 クラス識別）が必要となる場合もあります。そのような任意の条件が混在する場合，CSP 法は少々融通の効かない方法です。

ここで原点に立ち戻って考えてみましょう。脳波 $\boldsymbol{X}$ に対してラベル ω が貼り付いています。CSP 法では，この脳波をそのまま使うのではなく，$\boldsymbol{X}$ を式 (8.10) によって，ラベル ω を持つ特徴量 $\boldsymbol{y}$ に変換したのでした。CSP を求め

る過程では，$\boldsymbol{X}$ の共分散行列 $\boldsymbol{C}$ を推定していました。CSP による特徴量は，脳波 $\boldsymbol{X}$ をある軸 $\boldsymbol{w}$ に射影して，その分散 σ^2 を求めているため，かなりの次元圧縮をしていることになります。

一方で，脳波 $\boldsymbol{X}$ の特徴として，$\boldsymbol{X}$ から推定した共分散行列 $\boldsymbol{C}$ そのものを用いることで，より柔軟な識別ができるのではないかと期待されます。共分散行列はチャネル数と同じサイズを持つ正方行列が特徴となるため，信号の特徴をある程度保持したままつぎの処理（学習・識別）を実行できるといったメリットがあります。

しかしながら，共分散行列はベクトルではないため，特徴ベクトルを線形代数を用いて識別するといった，広くパターン認識で使われるテクニックを適用しづらい場合があります。そこで共分散行列のような対称性と正定値性を持つ行列の集合（**多様体**（manifold））を考え，特殊な取扱いをする必要が生まれます。以下では多様体の理論的側面はさておき，実際の処理方法に焦点を当てて述べていきます。

8.3.1　共分散行列の対称正定値性

共分散行列そのものを特徴量とした場合，どのような問題が起きるのか整理してみます。一般に特徴量はベクトルで与えられます。ベクトルの集合はベクトル空間を作ります。ベクトル $\boldsymbol{x}$ にスカラ c を乗じた $c\boldsymbol{x}$ や，異なるベクトル $\boldsymbol{x}$，$\boldsymbol{y}$ を加算した $\boldsymbol{x}+\boldsymbol{y}$ もまたベクトルです。つまり，スカラ積や加算でその性質を変えません。特徴量をベクトルで表現することのメリットは，線形代数の豊富なテクニックをそのまま利用できることです。

それでは，共分散行列についてはどうでしょうか。共分散行列は，式 (8.6) で与えられますが，$\dfrac{1}{\sqrt{N-1}}(\boldsymbol{X}-\boldsymbol{\mu}_x\mathbf{1}_N^T)$ を改めて $\boldsymbol{X}$ とおくことで

$$\boldsymbol{C}=\boldsymbol{X}\boldsymbol{X}^T \tag{8.11}$$

の形で表現できます。ここで，$\boldsymbol{X}$ がチャネル数 M，サンプル数（信号長）N の脳波行列を表すとすれば，$\boldsymbol{C}$ はサイズ $M\times M$ の正方行列です。ここで，

$\boldsymbol{C}$ については，半正定値性 $\boldsymbol{C} \geq 0$ が示せます。現実の信号では，より強い条件である正定値性 $\boldsymbol{C} > 0$ が成り立つので，共分散行列は正定値であると考えて差し支えありません。また対称性 $\boldsymbol{C}^T = \boldsymbol{C}$ も成り立つことがわかります。このような行列は**対称正定値行列**（symmetric positive definite matrix）と呼ばれます。

8.3.2 対称正定値行列の作る多様体と接空間

行列にもベクトルと同様にスカラ積や加算を導入できますが，対称正定値行列の集合を考えると，スカラ積や加算が再び正定値行列になるとは限りません。最も単純な正定値行列は単位行列 $\boldsymbol{I}$ ですが，これに -1 を乗じたスカラ積は $-\boldsymbol{I}$ となり，これはもはや正定値行列ではありません。このように，正定値行列を特徴量としても，ベクトル空間を基盤とする線形代数の諸手法を適用できないのです。

正定値行列の集合を，リーマン幾何学の言葉では**対称正定値行列多様体**（symmetric positive-definite matrix manifold）と呼び，**リーマン多様体**（Riemannian manifold）と呼ばれる集合の一つです。ここではそのような難解な概念は専門書に譲り，正定値行列で表現される特徴量を扱うテクニックについて述べます。

対称で正定値性を持つサイズ $N \times N$ の行列の集合を

$$\mathcal{M} = \{\boldsymbol{C} \in \mathbb{R}^{N \times N} | \boldsymbol{C} > 0, \boldsymbol{C}^T = \boldsymbol{C}\} \tag{8.12}$$

と定義しましょう。この $\mathcal{M}$ は，**可微分多様体**（differentiable manifold）と呼ばれます。可微分多様体では，任意の点 $P \in \mathcal{M}$ で**接空間**（tangent space）と呼ばれるベクトル空間が決まります。対称正定値行列の多様体では，接空間は対称行列の集合になることが知られています。これを

$$T_{\boldsymbol{P}}\mathcal{M} = \{\boldsymbol{V} \in \mathbb{R}^{N \times N} | \boldsymbol{V}^T = \boldsymbol{V}\} \tag{8.13}$$

と表記します。

多様体と接空間の身近な例は，球とその接平面でしょう。球上に点を取ると，そこを原点とした接平面（2 次元空間）が決まります。私たちは普段地球（厳密には球ではありませんが）が曲がっていることを意識することはありません。歩くときや構造物の設計に，曲面を意識することはありません。それは，立っている位置を原点とする接空間を無意識に受け入れているということですし，局所的にはそれで十分だからです。

家から学校までの距離を考えるとき，曲面を意識せず，接平面上の距離を意識するだけで事足ります。家を原点とすれば，学校は 2 次元空間上の一点です。平面は 2 次元ベクトル空間なので，内積を決めることで距離（ベクトルのノルム）が定まります。その一方で，地球は曲がっているので，厳密にいえば，学校は家（**図 8.3** における $\boldsymbol{P}$）を原点とする接平面（図 8.3 における平面 $T_{\boldsymbol{P}}\mathcal{M}$）の上に乗っていません。このように，曲面上の点と接平面上の点は一対一に対応付けることができます。この考え方を一般化したものが，多様体から接空間への写像です。これは**接空間写像**（tangent space mapping, **TSM**）と呼ばれます。

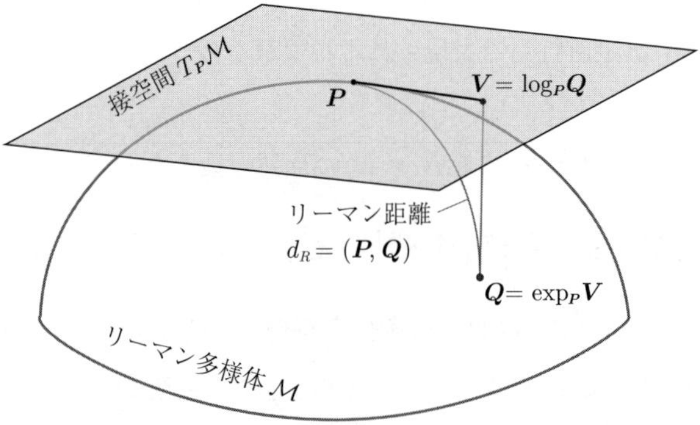

図 8.3　多様体 $\mathcal{M}$ と接空間 $T_{\boldsymbol{P}}\mathcal{M}$。多様体上の点 $\boldsymbol{P} \in \mathcal{M}$ に対して接空間が定まります。$\boldsymbol{P}$ と $\boldsymbol{Q} \in \mathcal{M}$ を結ぶ最短の曲線を測地線といい，$\boldsymbol{Q}$ に接空間の点 $\boldsymbol{V}$ が対応します

8.3.3 接空間写像法

多様体上のサンプル点を接空間に写像することで，ユークリッド空間における機械学習を適用可能にする方法を接空間写像法（TSM 法）と呼びます。

（1） 接空間写像　対称正定値行列の多様体 $\mathcal{M}$ 上の点 $\boldsymbol{P} \in \mathcal{M}$ に対し，接空間 $T_{\boldsymbol{P}}\mathcal{M}$ が存在します。これを示したのが図 8.3 です。

接空間の内積は任意に決めることができますが，広く使われる内積が**アフィン不変リーマン計量**（affine invariant Riemannian metric）と呼ばれるもので，2 点 $\boldsymbol{A}, \boldsymbol{B} \in T_{\boldsymbol{P}}\mathcal{M}$ に対して

$$\langle \boldsymbol{A}, \boldsymbol{B} \rangle_{\boldsymbol{P}} = \mathrm{tr}[\boldsymbol{A}\boldsymbol{P}^{-1}\boldsymbol{B}\boldsymbol{P}^{-1}] \tag{8.14}$$

で定義されます。

このとき，接空間上の点 $\boldsymbol{V} \in T_{\boldsymbol{P}}\mathcal{M}$ を取ると，対応する多様体上の点 $\boldsymbol{Q} \in \mathcal{M}$ は写像

$$\boldsymbol{Q} = \mathrm{Exp}_{\boldsymbol{P}}(\boldsymbol{V}) = \boldsymbol{P}^{1/2} \exp(\boldsymbol{P}^{-1/2}\boldsymbol{V}\boldsymbol{P}^{-1/2})\boldsymbol{P}^{1/2} \tag{8.15}$$

によって決まります。また，多様体上の $\boldsymbol{Q}$ からの逆写像（接空間写像）は

$$\boldsymbol{V} = \mathrm{Log}_{\boldsymbol{P}}(\boldsymbol{Q}) = \boldsymbol{P}^{1/2} \log(\boldsymbol{P}^{-1/2}\boldsymbol{Q}\boldsymbol{P}^{-1/2})\boldsymbol{P}^{1/2} \tag{8.16}$$

で与えられます。

前項の家と学校の比喩に対応させると，現在地である家が $\boldsymbol{P}$，家に接する平面上の学校の位置が $\boldsymbol{V}$ で，この点は地球が曲面なので，ものすごく微妙に地球から浮いています。そして，地球上の実際の学校の位置が $\boldsymbol{Q}$ ということになります。

（2） アルゴリズム　以上で述べた接空間写像の方法を脳波分類に適用する場合，複数の脳波を学習データとして観測することになります。i 番目の観測脳波 $\boldsymbol{X}_i$ に対して，共分散行列 $\boldsymbol{C}_i$ が決まります。観測脳波が I 個ある場合（$i = 1, 2, \cdots, I$），最も簡単な基準点は，経験的な算術平均

$$\boldsymbol{P} = \frac{1}{I}\sum_{i=1}^{I} \boldsymbol{C}_i \tag{8.17}$$

ですが，基準点の決め方は多様体の特性を利用した方法も用いられます。これについては，次項で述べます。

式 (8.16) によれば，$\boldsymbol{C}_i$ に対応する接空間上の点は

$$\boldsymbol{V}_i = \boldsymbol{P}^{1/2} \log(\boldsymbol{P}^{-1/2}\boldsymbol{C}_i\boldsymbol{P}^{-1/2})\boldsymbol{P}^{1/2} \tag{8.18}$$

で与えられます。ここで，$\boldsymbol{V}_i$ も対称行列であることに注意します。Barachant ら[144] は，$\log(\boldsymbol{P}^{-1/2}\boldsymbol{C}_i\boldsymbol{P}^{-1/2})$ も対称行列であること，$\boldsymbol{P}^{1/2}$ が正則行列であることから，$\log(\boldsymbol{P}^{-1/2}\boldsymbol{C}_i\boldsymbol{P}^{-1/2})$ を特徴ベクトルとして用いることを提案しています。対称行列には非対角成分に冗長性があるので，上三角成分だけを採用します。そこで，$\boldsymbol{C}_i$ のユークリッド空間における特徴ベクトルとしては

$$\boldsymbol{v}_i = \mathrm{upper}(\log(\boldsymbol{P}^{-1/2}\boldsymbol{C}_i\boldsymbol{P}^{-1/2})) \tag{8.19}$$

を用いればよいことになります。ここで，$\mathrm{upper}(\cdot)$ は，行列の上三角成分をベクトル化したもので，非対角成分には $\sqrt{2}$ を乗じたものになっています[145]。そうすることで，下三角の非対角成分を省略しない場合と内積が同じになります。また，n 次元の行列の上三角成分は $n(n+1)/2$ 要素あるので，これがユークリッド空間の次元になります。

以上をまとめると，観測脳波 $\boldsymbol{X}_i$ から共分散行列 $\boldsymbol{C}_i$ が決まります。これより，式 (8.19) からユークリッド空間上の点 $\boldsymbol{v}_i$ に変換できます。つまり，多様体上の点がユークリッド空間上の点に変換されたわけです。これにより，線形代数を用いたアルゴリズムを適用することができるようになりました。つまり，主成分分析やサポートベクトルマシンなどの有用な諸手法をそのまま適用できるのです。

8.3.4　多様体上の平均とメディアン

接空間は多様体上の点に対して決まります。前項では，I 個の脳波を観測し，対応する共分散行列の集合 $\{\boldsymbol{C}_i\}$ が得られたとき，接空間の基準点をその経験算術平均（式 (8.17)）によって定めました。実は，経験算術平均は，各点 $\boldsymbol{C}_i$ との平均 2 乗誤差をユークリッド距離の意味で最小にする点です。すなわち

$$\boldsymbol{P}_{\text{E-MEAN}} = \underset{\boldsymbol{P}\in\mathcal{M}}{\operatorname{argmin}} \sum_{i=1}^{I} \|\boldsymbol{P} - \boldsymbol{C}_i\|_F^2 = \frac{1}{I}\sum_{i=1}^{I} \boldsymbol{C}_i \tag{8.20}$$

となります。ここで，$\|\cdot\|_F$ はフロベニウスノルムと呼ばれ，サイズ M の正方行列 $\boldsymbol{M}$ の (i,j) 成分をそれぞれ m_{ij} とすると

$$\|\boldsymbol{M}\|_F = \sqrt{\sum_{i=1}^{M}\sum_{j=1}^{M} m_{ij}^2} \tag{8.21}$$

で定義されます。ベクトルのユークリッドノルムを形式的に行列に拡張したものになっていることがわかると思います。

実は**平均**（mean）とは，すべての点 $\boldsymbol{C}_i$ との平均 2 乗距離 $d^2(\boldsymbol{P}, \boldsymbol{C}_i)$ を最小にする点，すなわち

$$\boldsymbol{P}_{\text{MEAN}} = \underset{\boldsymbol{P}\in\mathcal{M}}{\operatorname{argmin}}\, d^2(\boldsymbol{P}, \boldsymbol{C}_i) \tag{8.22}$$

と定義されます。距離の定義を変えると，さまざまな平均が得られます。つまり，採用する距離によってさまざまな基準点が得られます。

平均に似た概念が**メディアン**（median）です。メディアンは，すべての点 $\boldsymbol{C}_i$ との平均距離 $d(\boldsymbol{P}, \boldsymbol{C}_i)$ を最小にする点，すなわち

$$\boldsymbol{P}_{\text{MEDIAN}} = \underset{\boldsymbol{P}\in\mathcal{M}}{\operatorname{argmin}}\, d(\boldsymbol{P}, \boldsymbol{C}_i) \tag{8.23}$$

と定義されます。平均との違いは，距離が 2 乗されていない点ですが，外れ値の影響を受けにくい（頑健である）ことが知られています[146)]。

以上のように接空間の基準点は

- 平均またはメディアン
- 距離

の選択の仕方で変わってきます。

8.3.5　多様体上の距離

対称正定値行列どうしの距離はベクトルほど自明ではありません。以下では，二つの対称正定値行列 $\boldsymbol{A}, \boldsymbol{B} > 0$ に対して，さまざまな距離を導入し，対称正

定値行列の集合 $\{\boldsymbol{C}_i\}$ に対する平均やメディアンとの関係を議論していきます。

（**1**） **ユークリッド距離**　　ベクトルのユークリッド距離をそのまま拡張した距離が行列のユークリッド距離

$$d_E(\boldsymbol{A}, \boldsymbol{B}) = \|\boldsymbol{A} - \boldsymbol{B}\|_F \tag{8.24}$$

です。平均はすでに述べたように，式 (8.22) で与えられますが，メディアンは少々複雑で，漸化式

$$\boldsymbol{P}^{(k+1)} = \left(\sum_{i=1}^{I} \frac{\boldsymbol{C}_i}{d_E\left(\boldsymbol{P}^{(k)}, \boldsymbol{C}_i\right)}\right)\left(\sum_{i=1}^{I} \frac{1}{d_E\left(\boldsymbol{P}^{(k)}, \boldsymbol{C}_i\right)}\right)^{-1} \tag{8.25}$$

の極限 $\boldsymbol{P}^{(k)} \to \boldsymbol{P}_{\mathrm{E-MEDIAN}}$ として得られます。

（**2**） **測地線距離**　　リーマン多様体上に二つ点を取り，それらを距離が最小になるように結んだ線を**測地線**（geodesic）と呼びます。この測地線の長さを与える距離が測地線距離であり，対称正定値行列 $\boldsymbol{A}$ と $\boldsymbol{B}$ に対して

$$d_R(\boldsymbol{A}, \boldsymbol{B}) = \|\log(\boldsymbol{A}^{-1/2}\boldsymbol{B}\boldsymbol{A}^{-1/2})\|_F \tag{8.26}$$

で与えられます。この距離は $\boldsymbol{A}^{-1/2}\boldsymbol{B}\boldsymbol{A}^{-1/2}$ の固有値 $\lambda_i, i = 1, 2, \cdots, M$ を用いて

$$d_R(\boldsymbol{A}, \boldsymbol{B}) = \sqrt{\sum_{i=1}^{M} (\log \lambda_i)^2} \tag{8.27}$$

のように表現できることは行列対数の性質（式 (2.40)）から証明できます。この距離は，アフィン不変リーマン計量とも呼ばれ，コンピュータビジョンにおいてもよく使われる距離です[147),148)]。

なお，接空間射影法の式 (8.19) を用いると

$$\begin{aligned} d_R(\boldsymbol{P}, \boldsymbol{C}_i) &= \|\log(\boldsymbol{P}^{-1/2}\boldsymbol{C}_i\boldsymbol{P}^{-1/2})\|_F \\ &= \|\mathrm{upper}(\log(\boldsymbol{P}^{-1/2}\boldsymbol{C}_i\boldsymbol{P}^{-1/2}))\|_F \\ &= \|\boldsymbol{v}_i\| \end{aligned} \tag{8.28}$$

が成り立つことを示すことができます。つまり，リーマン距離は接空間上での距離を採用したものであるといえます。

測地線距離で決まる平均を**リーマン幾何平均**（Riemannian geometric mean）と呼びますが，これは閉じた形で求めることはできません。漸化式

$$\boldsymbol{P}^{(k+1)} = \mathrm{Exp}_{\boldsymbol{P}^{(k)}}\left(\frac{1}{I}\sum_{i=1}^{I}\mathrm{Log}_{\boldsymbol{P}^{(k)}}(\boldsymbol{C}_i)\right) \tag{8.29}$$

の極限として，リーマン幾何平均 $\boldsymbol{P}_{\mathrm{R-MEAN}}$ が決まります。

測地線距離で決まるメディアンは**リーマン幾何メディアン**（Riemannian geometric median）と呼ばれます。漸化式

$$\boldsymbol{P}^{(k+1)} = \mathrm{Exp}_{\boldsymbol{P}^{(k)}}\left(\left(\sum_{i=1}^{I}\frac{\mathrm{Log}_{\boldsymbol{P}^{(k)}}(\boldsymbol{C}_i)}{d_R\left(\boldsymbol{P}^{(k)},\boldsymbol{C}_i\right)}\right)\left(\sum_{i=1}^{I}\frac{1}{d_R\left(\boldsymbol{P}^{(k)},\boldsymbol{C}_i\right)}\right)^{-1}\right) \tag{8.30}$$

の極限として，リーマン幾何メディアン $\boldsymbol{P}_{\mathrm{R-MEDIAN}}$ が決まります。

（3） 対数ユークリッド距離　　**対数ユークリッド距離**（log-Euclidean distance）は

$$d_L(\boldsymbol{A},\boldsymbol{B}) = \|\log\boldsymbol{A} - \log\boldsymbol{B}\|_F \tag{8.31}$$

で定義される距離です。メリットとしては，平均が閉じた形

$$\boldsymbol{P}_{\mathrm{L-MEAN}} = \exp\left(\frac{1}{I}\sum_{i=1}^{I}\log\boldsymbol{C}_i\right) \tag{8.32}$$

で与えられる点です。

メディアンは漸化式

$$\boldsymbol{P}^{(k+1)} = R_e\left(\boldsymbol{P}^{(k)}, \left(\sum_{i=1}^{I}\frac{R_e^{-1}(\boldsymbol{P}^{(k)},\boldsymbol{C}_i)}{d_L\left(\boldsymbol{P}^{(k)},\boldsymbol{C}_i\right)}\right)\left(\sum_{i=1}^{I}\frac{1}{d_R\left(\boldsymbol{P}^{(k)},\boldsymbol{C}_i\right)}\right)^{-1}\right) \tag{8.33}$$

で与えられます。ここで，R_e と R_e^{-1} はそれぞれ，リトラクション，リフティングと呼ばれる写像で

$$R_e(\boldsymbol{P}, \boldsymbol{V}) = \exp(\log \boldsymbol{P} + \boldsymbol{V}) \tag{8.34}$$

$$R_e^{-1}(\boldsymbol{P}, \boldsymbol{Q}) = \log \boldsymbol{Q} - \log \boldsymbol{P} \tag{8.35}$$

で定義されます。

8.3.6 最小距離法

教師あり学習で，複数のクラスに分類する問題においては，8.3.4 項で定義したように，多様体上の点に対する平均やメディアンを利用できます。つまり，クラスごとに学習データの中心（平均またはメディアン）を求めておき，ラベルが未知のサンプルに対しては，各中心までの距離を求め，最も近いクラスに割り当てる，という手順を取ります。**図 8.4** には，測地線距離で平均との距離を測る例を示します。図には，二つのクラスがあり，それぞれの中心を $\overline{\boldsymbol{P}}_1$，$\overline{\boldsymbol{P}}_2$ で表しています。ラベルが未知のサンプル $\boldsymbol{P}$ に対して，測地線距離が $d_R(\boldsymbol{P}, \overline{\boldsymbol{P}}_1) < d_R(\boldsymbol{P}, \overline{\boldsymbol{P}}_2)$ であれば，$\boldsymbol{P}$ がクラス 1 に属すると決定できるわけです。中心や距離の取り方には自由度がありますが，特に平均との測地線距離でクラスを決定する方法を**対平均最小距離**（minimum distance to the mean，**MDM**）**法**と呼びます。

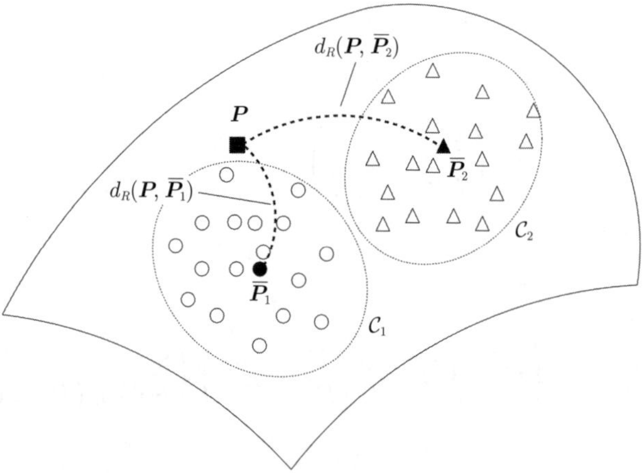

図 **8.4**　入力サンプル $\boldsymbol{P}$ について，クラス 1 ($\mathcal{C}_1$) の中心 $\overline{\boldsymbol{P}}_1$ までの距離と，クラス 2 ($\mathcal{C}_2$) の中心 $\overline{\boldsymbol{P}}_2$ までの距離を比較して，クラスを決定する

MDM 法は入力サンプルとクラスタ中心との距離を評価する方法ですが，測地線距離の評価は機械学習のさまざまな手法に適用できます。入力サンプルと観測サンプルそれぞれとの距離を評価する k 近傍法や，教師なし学習で広く使われる k-means 法なども，多様体上で適用ができます。

8.4 フィルタバンクの利用

共分散行列は脳波からの特徴量として非常に有効であることが知られていますが，一方で，信号として大切な周波数の情報（時間方向の相関）を失っています。共分散行列を与える式 (8.6) では，時間についての和を取っていますが，これは見方を変えれば，信号の時間インデックスをランダムにしても共分散行列自体は変わらないことからもわかります。そこで，信号にさまざまな周波数帯域に対応するバンドパスフィルタを適用し，それぞれの帯域ごとに共分散行列を求める，といった方法が考えられます。このようなバンドパスフィルタの集合のことを**フィルタバンク**（filterbank）と呼びます。

CSP に関しては, Ang ら[149] は, 4〜40 Hz を 4 Hz ごとの狭帯域に分割するフィルタバンクを用いて，それぞれの帯域に対応する共分散行列 $\boldsymbol{C}^{(c)}_{4-8}, \boldsymbol{C}^{(c)}_{8-12}, \cdots,$ $\boldsymbol{C}^{(c)}_{36-40}$ を求める方法を提案しています。ここで，$c = 1, 2$ はラベルを表しています。このそれぞれの帯域において 8.2.2 項で述べたように CSP を求め，特徴を抽出することで，認識の精度を上げています。同様な考え方は，8.3.3 項で説明した接空間写像法にも適用することができます。筆者の Tanaka ら[150] は，4〜36 Hz を 4 Hz ごとの狭帯域に分割するフィルタバンクで脳波を分解してから，TSM 法で運動想起の分類をしています。

8.5 深層学習による運動想起の推定

運動想起の検出にはニューラルネットワークも利用することができます。ただし，（深層）ニューラルネットワークの弱点は，学習データを大量に必要とすることです。脳波の計測には実験の設計，準備，参加者の確保が必要であり，データの確保が非常に難しいといえます。そこで，脳波分類のためのニューラルネットワークには，汎化性能を落とすことなくパラメータ数を減らすことが求められます。

ここでは，運動想起を目的とした軽量なネットワークである EEGNet[151] について紹介します。EEGNet は，運動想起を目的として提案されたモデルではありますが，異常脳波検出にも利用できることが知られています。パラメータ数の非常に少ない軽量なモデルであり，データ数が限られていても十分に学習が可能です。

EEGNet のアーキテクチャを**図 8.5** に示します。図に示すように，EEGNet はおもに 3 種類の畳込み部分から構成されます。まず，最初の Conv2D は，時間方向のカーネル（フィルタ）を持つ畳込み層であり，データの周波数領域にお

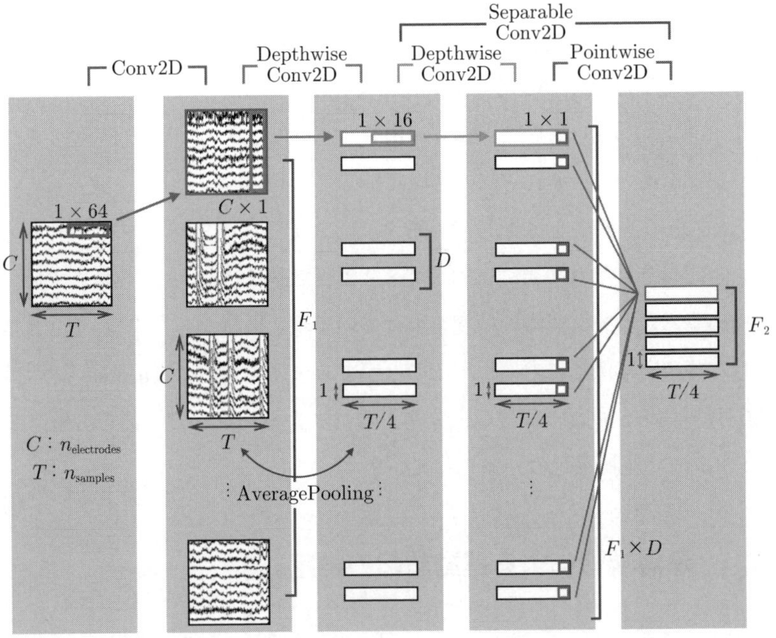

図 8.5　運動想起で有効性が知られている深層学習モデル EEGNet

ける特徴をとらえることを目的としています。つぎの DepthwiseConv2D は，空間方向（電極方向）にカーネルを持つ畳込み層であり，脳波の空間的（電極間）の特徴をとらえる役割を担っています。最後の SeparableConv2D は，時間と空間にわたり畳込みを実施する層となっており，時空間の相互作用の抽出が期待されています。

ここまで見てわかるように，最初の Conv2D は，従来の信号処理における周波数フィルタリングの一般化と考えられます。つぎの DepthwiseConv2D は CSP のような空間パターンを推定する役割を担っていると考えられます。このように，EEGNet が CSP などの従来法に匹敵する性能を持つ理由は，これまで提案されてきた CSP などの特徴抽出手法の一般化になっているからと考えることもできます。

8.6 フィードバック

運動想起 BCI はトレーニングによって，識別精度が上昇することが知られています[152)]。このトレーニングはつぎのように行われます[13),137)]。まず，ユーザは運動想起を行うと同時に，ERD の強さを示す指標（例えば，μ 波帯域のパワーなど）をユーザにフィードバックします。ユーザは指標が大きくなるように運動を想起します。このようなトレーニングによって，誘発される ERD が強くなるため，BCI の識別精度が向上します。さらに，このようなトレーニングは，**クローズドループ BCI**（closed-loop BCI）と呼ばれます。

運動想起を利用したクローズドループ BCI の有望な応用が，脳卒中患者のリハビリテーションです。麻痺患者の運動意図を読み取り，麻痺した手足に電気的・機械的刺激を与えることで，脳の運動と感覚の再ネットワーク化を促進できることがわかってきています。これにより，身体障害者の運動機能回復の効果が期待されています[153),154)]。

8.7 む　す　び

本章では CSP 法を用いることで運動想起脳波の分類が可能になることや，さらに，CSP（共通空間パターン）を見ることで運動想起が起きているおおよその脳の部位を知ることができることを見ました。

リーマン多様体に基づく手法を適用する際には，基準点の選択に大きな自由度があります。しかしながら，筆者の Tanaka らの研究[155) によれば，経験算術平均またはリーマン平均を採用しておけば，運動想起脳波の分類は十分精度よく実施できることが示されています。

また，対称正定値行列どうしの距離を計算することで，2.5.1 項で扱ったような最近傍決定則を利用できます。この場合は，接空間を使わないので，基準点を決定する必要がないといったメリットがあります。距離とその平均やメディアンについての議論は，筆者の Tanaka らの文献155) により詳しい記述があります。

CSP 法やリーマン多様体による方法に共通することは，どちらも信号の共分散行列を特徴に用いていることです。ここでは，運動想起に焦点を当てましたが，実は事象関連電位や定常的誘発電位などに基づく BCI にも，本章で用いた方法は適用できます。Congedo らによる総説[156) が参考になるでしょう。

最後に，ニューラルネットワークの例として，EEGNet について紹介しました。ニューラルネットワークはデータ量を必要とするので，どれだけの多くのデータを確保できるかが重要になってきます。ただし，うまくアーキテクチャを構成することで，学習結果から生理学的な知見を得ることも可能になります。

引用・参考文献

1) J. R. Wolpaw, N. Birbaumer, D. J. McFarland, G. Pfurtscheller, and T. M. Vaughan : Brain-computer interfaces for communication and control, Clinical Neurophysiology, **113**, 6, pp. 767–791 (2002)

2) G. Dornhege, J. d. R. Millan, T. Hinterberger, D. McFarland, and K.-R. Muller, Eds. : Toward Brain-Computer Interfacing, The MIT Press (2007)

3) J. J. Vidal : Toward Direct Brain-Computer Communication, Annual Review of Biophysics and Bioengineering, **2**, 1, pp. 157–180, (1973)

4) E. E. Fetz and D. V. Finocchio : Operant Conditioning of Specific Patterns of Neural and Muscular Activity, Science, **174**, 4007, pp. 431–435 (1971)

5) D. P. Nowlis and J. Kamiya : The control of electroencephalographic alpha rhythms through auditory feedback and the associated mental activity, Psychophysiology, **6**, 4, pp. 476–484 (1970)

6) W. Wyrwicka and M. B. Sterman : Instrumental conditioning of sensorimotor cortex EEG spindles in the waking cat, Physiology & Behavior, **3**, 5, pp. 703–707 (1968)

7) M. B. Sterman, L. R. Macdonald, and R. K. Stone : Biofeedback Training of the Sensorimotor Electroencephalogram Rhythm in Man: Effects on Epilepsy, Epilepsia, **15**, 3, pp. 395–416 (1974)

8) J. Wolpaw and E. W. Wolpaw : Brain-Computer Interfaces: Principles and Practice, Oxford University Press, Inc., Oxford, NY (2012)

9) L. A. Farwell and E. Donchin : Talking off the top of your head: toward a mental prosthesis utilizing event-related brain potentials, Electroencephalogr. Clinical Neurophysiology, **70**, 6, pp. 510–523 (1988)

10) G. Pfurtscheller, C. Neuper, D. Flotzinger, and M. Pregenzer : EEG-based discrimination between imagination of right and left hand movement, Elec-

troencephalogr. Clinical Neurophysiology, **103**, 6, pp. 642–651 (1997)

11）W. N. Kuhlman：EEG feedback training: Enhancement of somatosensory cortical activity, Electroencephalogr. Clinical Neurophysiology, **45**, 2, pp. 290–294 (1978)

12）J. R. Wolpaw, D. J. McFarland, G. W. Neat, and C. A. Forneris：An EEG-based brain-computer interface for cursor control, Electroencephalography and Clinical Neurophysiology, **78**, 3, pp. 252–259 (1991)

13）J. R. Wolpaw and D. J. McFarland：Control of a two-dimensional movement signal by a noninvasive brain-computer interface in humans, The National Academy of Sciences, **101**, 51, pp. 17849–17854 (2004)

14）M. Middendorf, G. McMillan, G. Calhoun, and K. S. Jones：Brain-computer interfaces based on the steady-state visual-evoked response, IEEE Transactions on Rehabilitation Engineering, **8**, 2, pp. 211–214 (2000)

15）T. O. Zander and C. Kothe：Towards passive brain-computer interfaces: applying brain-computer interface technology to human-machine systems in general, Journal of Neural Engineering, **8**, 2, p. 025005 (2011)

16）R. Scherer, A. Schloegl, F. Lee, H. Bischof, J. Janša, and G. Pfurtscheller：The Self-Paced Graz Brain-Computer Interface: Methods and Applications, Computational Intelligence and Neuroscience, **2007**, pp. 1–9 (2007)

17）J. K. Chapin, K. A. Moxon, R. S. Markowitz, and M. A. Nicolelis：Real-time control of a robot arm using simultaneously recorded neurons in the motor cortex, Nature Neuroscience, **2**, 7, pp. 664–670 (1999)

18）M. Velliste, S. Perel, M. C. Spalding, A. S. Whitford, and A. B. Schwartz：Cortical control of a prosthetic arm for self-feeding, Nature, **453**, 7198, pp. 1098–1101 (2008)

19）L. R. Hochberg, M. D. Serruya, G. M. Friehs, J. A. Mukand, M. Saleh, A. H. Caplan, A. Branner, D. Chen, R. D. Penn, and J. P. Donoghue：Neuronal ensemble control of prosthetic devices by a human with tetraplegia, Nature, **442**, 7099, pp. 164–71 (2006)

20）E. Niedermeyer and F. H. L. Da Silva：Electroencephalography: Basic Principles, Clinical Applications, and Related Fields, Lippincott Williams &

Wilkins (2005)

21) J. Mellinger, G. Schalk, C. Braun, H. Preissl, W. Rosenstiel, N. Birbaumer, and A. Kübler：An MEG-based brain computer interface (BCI), NeuroImage, **36**, 3, pp. 581–593 (2007)

22) R. Sitaram, A. Caria, R. Veit, T. Gaber, G. Rota, A. Kuebler, and N. Birbaumer：fMRI brain-computer interface: A tool for neuroscientific research and treatment, Computational Intelligence and Neuroscience, **2007**, pp. 1–10 (2007)

23) S. M. Coyle, T. E. Ward, and C. M. Markham：Brain-computer interface using a simplified functional near-infrared spectroscopy system, Journal of Neural Engineering, **4**, 3, p. 219 (2007)

24) C. Brunner, A. Giuseppe, L. Bianchi, B. Blankertz, C. Breitwieser, S. Kanoh, C. A. Kothe, A. Lécuyer, S. Makeig, J. Mellinger, P. Perego, Y. Renard, G. Schalk, I. P. Susila, B. Venthur, and G. R. Müller-Putz：BCI Software Platforms, in Towards Practical Brain-Computer Interfaces, B. Z. Allison, S. Dunne, R. Leeb, J. D. R. Millán, and A. Nijholt, Eds., Berlin, Heidelberg: Springer, ch. 16, pp. 303–331 (2012)

25) 田中聡久：信号・データ処理のための行列とベクトル—複素数，線形代数，統計学の基礎—（次世代信号情報処理シリーズ 1），コロナ社（2019）

26) M. U. B. Altaf, T. Gautama, T. Tanaka, and D. P. Mandic：Rotation Invariant Complex Empirical Mode Decomposition, in Proceedings of 2007 IEEE International Conference on Acoustics, Speech and Signal Processing - ICASSP '07., pp. III–1009–III–1012 IEEE (2007)

27) G. Rilling, P. Flandrin, P. Goncalves, and J. M. Lilly：Bivariate empirical mode decomposition, IEEE Signal Processing Letters, **14**, 12, pp. 936–939 (2007)

28) N. Rehman and D. P. Mandic：Multivariate empirical mode decomposition, The Royal Society A: Mathematical, Physical and Engineering Science, **466**, 2117, p. 1291 (2010)

29) J. Fleureau, J. C. Nunes, A. Kachenoura, L. Albera, and L. Senhadji：Turning tangent empirical mode decomposition: A framework for mono-

and multivariate signals, IEEE Transactions on Signal Processing, **59**, 3, pp. 1309–1316 (2011)

30) A. Hyvärinen, J. Karhunen, and E. Oja：Independent Component Analysis, ser. Adaptive and learning systems for signal processing, communications, and control, S. Haykin, Ed., **21**, 1, Wiley-Interscience (2001)

31) R. Tibshirani：Regression shrinkage and selection via the lasso, Journal of the Royal Statistical Society: Series B (Methodological), **58**, 1, pp. 267–288 (1996)

32) 永原正章：スパースモデリング—基礎から動的システムへの応用—，コロナ社 (2017)

33) B. Blankertz, S. Lemm, M. Treder, S. Haufe, and K.-R. Müller：Single-trial analysis and classification of ERP components–A tutorial, NeuroImage, **56**, 2, pp. 814–825 (2011)

34) V. N. Vapnik：Statistical Learning Theory, Wiley-Interscience (1998)

35) C. M. Bishop：Pattern Recognition and Machine Learning, Springer (2006)

36) X. Xing, Y. Wang, W. Pei, X. Guo, Z. Liu, F. Wang, G. Ming, H. Zhao, Q. Gui, and H. Chen：A High-Speed SSVEP-Based BCI using dry EEG electrodes, Scientific Reports, **8**, 1, p. 14708 (2018)

37) M. Nakanishi, Y.-T. Wang, C.-S. Wei, K.-J. Chiang, and T.-P. Jung：Facilitating calibration in High-Speed BCI spellers via leveraging Cross-Device shared latent responses, IEEE Transactions on Biomedical Engineering, **67**, 4, pp. 1105–1113 (2020)

38) J. Malmivuo and R. Plonsey：Bioelectromagnetism: Principles and Applications of Bioelectric and Biomagnetic Fields, Oxford University Press (1995)

39) M. R. Nuwer：Recording electrode site nomenclature, Journal of Clinical Neurophysiology, **4**, 2, p. 121 (1987)

40) E. Suarez, M. D. Viegas, M. Adjouadi, and A. Barreto：Relating induced changes in EEG signals to orientation of visual stimuli using the ESI-256 machine, Biomedical Sciences Instrumentation, **36**, p. 33 (2000)

41) R. Oostenveld and P. Praamstra：The five percent electrode system for high-

resolution EEG and ERP measurements, Clinical Neurophysiology, **112**, 4, pp. 713–719 (2001)

42) V. Jurcak, D. Tsuzuki, and I. Dan：10/20, 10/10, and 10/5 systems revisited: Their validity as relative head-surface-based positioning systems, NeuroImage, **34**, 4, pp. 1600–1611 (2007)

43) D. J. McFarland, L. M. McCane, S. V. David, and J. R. Wolpaw：Spatial filter selection for EEG-based communication, Electroencephalography and Clinical Neurophysiology, **103**, 3, pp. 386–394 (1997)

44) P.-b. Zhou：Numerical Analysis of Electromagnetic Fields, Electric Energy Systems and Engineering Series, Berlin, Heidelberg: Springer (1993)

45) G. McCarthy and E. Donchin：A metric for thought: A comparison of P300 latency and reaction time, Science, **211**, 4477, pp. 77–80 (1981)

46) H. A. Arjmand, J. Hohagen, B. Paton, and N. S. Rickard：Emotional responses to music: Shifts in frontal brain asymmetry mark periods of musical change, Frontiers in Psychology, **8**, DEC, pp. 1–13 (2017)

47) S. Koelstra, C. Muhl, M. Soleymani, Jong-Seok Lee, A. Yazdani, T. Ebrahimi, T. Pun, A. Nijholt, and I. Patras：DEAP: A database for emotion analysis; using physiological signals, IEEE Transactions on Affective Computing, **3**, 1, pp. 18–31 (2012)

48) R. Fernandez Rojas, E. Debie, J. Fidock, M. Barlow, K. Kasmarik, S. Anavatti, M. Garratt, and H. Abbass：Electroencephalographic Workload Indicators During Teleoperation of an Unmanned Aerial Vehicle Shepherding a Swarm of Unmanned Ground Vehicles in Contested Environments, Frontiers in Neuroscience, **14**, February, pp. 1–15 (2020)

49) B. Blankertz, C. Sannelli, S. Halder, E. M. Hammer, A. Kübler, K. R. Müller, G. Curio, and T. Dickhaus：Neurophysiological predictor of SMR-based BCI performance, NeuroImage, **51**, 4, pp. 1303–1309 (2010)

50) 飛松省三：脳波リズムの発現機序，臨床神経生理学，**42**, 6, pp. 358–364 (2014)

51) J.-P. Lachaux, E. Rodriguez, J. Martinerie, and F. J. Varela：Measuring phase synchrony in brain signals, Human Brain Mapping, **8**, 4, pp. 194–208 (1999)

52) P. Tass, M. G. Rosenblum, J. Weule, J. Kurths, A. Pikovsky, J. Volkmann, A. Schnitzler, and H. J. Freund : Detection of n:m phase locking from noisy data: Application to magnetoencephalography, Physical Review Letters, **81**, 15, pp. 3291–3294 (1998)

53) B. He and L. Ding : Electrophysiological Mapping and Neuroimaging, in Neural Engineering, B. He, Ed., Boston, MA: Springer US, pp. 499–543 (2013)

54) B. He and A. Sohrabpour : Imaging epileptogenic brain using high density EEG source imaging and MRI, Clinical Neurophysiology, **127**, 1, pp. 5–7 (2016)

55) J. Sarvas : Basic mathematical and electromagnetic concepts of the biomagnetic inverse problem, Physics in Medicine and Biology, **32**, 1, p. 11 (1987)

56) C. H. Wolters, A. Anwander, X. Tricoche, D. Weinstein, M. A. Koch, and R. S. MacLeod : Influence of tissue conductivity anisotropy on EEG/MEG field and return current computation in a realistic head model: A simulation and visualization study using high-resolution finite element modeling, NeuroImage, **30**, 3, pp. 813–826 (2006)

57) M. S. Hämäläinen and R. J. Ilmoniemi : Interpreting magnetic fields of the brain: minimum norm estimates, Medical & Biological Engineering & Computing, **32**, 1, pp. 35–42 (1994)

58) A. N. Tikhonov and V. Y. Arsenin : Solutions of Ill-Posed Problems, V. H. Winston & Sons (1977)

59) M. Congedo, F. Lotte, and A. Lécuyer : Classification of movement intention by spatially filtered electromagnetic inverse solutions, Physics in Medicine and Biology, **51**, 8, p. 1971 (2006)

60) B. Kamousi, A. N. Amini, and B. He : Classification of motor imagery by means of cortical current density estimation and Von Neumann entropy, Journal of Neural Engineering, **4**, 2, p. 17 (2007)

61) B. He, B. Baxter, B. J. Edelman, C. C. Cline, and W. W. Ye : Noninvasive brain-computer interfaces based on sensorimotor rhythms, Proceedings of

the IEEE, **103**, 6, pp. 1–19 (2015)

62) B. J. Edelman, B. Baxter, and B. He：EEG source imaging enhances the decoding of complex right-hand motor imagery tasks, IEEE Transactions on Biomedical Engineering, **63**, 1, pp. 4–14 (2016)

63) N. K. Logothetis, J. Pauls, M. Augath, T. Trinath, and A. Oeltermann：Neurophysiological investigation of the basis of the fMRI signal, Nature, **412**, 6843, pp. 150–157 (2001)

64) H. Morioka, A. Kanemura, S. Morimoto, T. Yoshioka, S. Oba, M. Kawanabe, and S. Ishii：Decoding spatial attention by using cortical currents estimated from electroencephalography with near-infrared spectroscopy prior information, NeuroImage, **90**, pp. 128–139 (2014)

65) D. J. McFarland and J. R. Wolpaw：Brain-computer interfaces for communication and control, Communications of the ACM, **54**, 5, pp. 60–66 (2011)

66) X. Chen, Y. Wang, M. Nakanishi, X. Gao, T.-P. Jung, and S. Gao：High-speed spelling with a noninvasive brain-computer interface, Proceedings of the National Academy of Sciences, **112**, 44, pp. E6058–E6067 (2015)

67) M. Nakanishi, Y. Wang, X. Chen, Y.-t. Wang, X. Gao, and T.-p. Jung：Enhancing Detection of SSVEPs for a High-Speed Brain Speller Using Task-Related Component Analysis, IEEE Transactions on Biomedical Engineering, **65**, 1, pp. 104–112 (2018)

68) G. R. K. Kumar and M. R. Reddy：Designing a sum of squared correlations framework for enhancing SSVEP-Based BCIs, IEEE Transactions on Neural Systems and Rehabilitation Engineering, **27**, 10, pp. 2044–2050 (2019)

69) M. Nakanishi, M. Xu, Y. Wang, K. J. Chiang, and others：Questionable classification accuracy reported in "Designing a sum of squared correlations framework for enhancing SSVEP-Based BCIs", IEEE Transactions on Neural Systems and Rehabilitation Engineering, **28**, 4, pp. 1042–1043 (2020)

70) G. R. K. Kumar, and M. R. Reddy：Correction to "Designing a sum of squared correlations framework for enhancing SSVEP based BCIs", IEEE

Transactions on Neural Systems and Rehabilitation Engineering, **28**, 4, pp. 1044–1045 (2020)

71) P. Sajda, A. Gerson, K.-R. Müller, B. Blankertz, and L. Parra：A data analysis competition to evaluate machine learning algorithms for use in brain-computer interfaces, IEEE Transactions on Neural Systems and Rehabilitation Engineering, **11**, 2, pp. 184–185 (2003)

72) B. Blankertz, K.-R. Müller, G. Curio, T. M. Vaughan, G. Schalk, J. R. Wolpaw, A. Schlogl, C. Neuper, G. Pfurtscheller, T. Hinterberger, M. Schroder, and N. Birbaumer：The BCI competition 2003: Progress and perspectives in detection and discrimination of EEG single trials, IEEE Transactions on Biomedical Engineering, **51**, 6, pp. 1044–1051 (2004)

73) B. Blankertz, K.-R. Müller, D. J. Krusienski, G. Schalk, J. R. Wolpaw, A. Schlogl, G. Pfurtscheller, J. Millan, M. Schroder, and N. Birbaumer：The BCI competition III: Validating alternative approaches to actual BCI problems, IEEE Transactions on Neural Systems and Rehabilitation Engineering, **14**, 2, pp. 153–159 (2006)

74) A. L. Goldberger, L. A. N. Amaral, L. Glass, J. M. Hausdorff, P. C. Ivanov, R. G. Mark, J. E. Mietus, G. B. Moody, C.-k. Peng, and H. E. Stanley：PhysioBank, PhysioToolkit, and PhysioNet, Circulation, **101**, 23 (2000)

75) G. Schalk, D. J. McFarland, T. Hinterberger, N. Birbaumer, and J. R. Wolpaw：BCI2000: A general-purpose brain-computer interface (BCI) system, IEEE Transactions on Biomedical Engineering, **51**, 6, pp. 1034–1043 (2004)

76) M. Nakanishi, Y. Wang, Y.-T. Wang, and T.-P. Jung：A comparison study of canonical correlation analysis based methods for detecting Steady-State visual evoked potentials, PLoS One, **10**, 10, p. e0140703 (2015)

77) Y. Wang, X. Chen, X. Gao, and S. Gao：A benchmark dataset for SSVEP-Based Brain-Computer interfaces, IEEE Transactions on Neural Systems and Rehabilitation Engineering, **25**, 10, pp. 1746–1752 (2017)

78) B. Liu, X. Huang, Y. Wang, X. Chen, and X. Gao：BETA: A large benchmark database toward SSVEP-BCI application, Frontiers in Neuroscience, **14**, p. 627 (2020)

79) A. Clark：Whatever next? Predictive brains, situated agents, and the future of cognitive science, Behavioral and Brain Sciences, **36**, 03, pp. 181–204 (2013)

80) J. Polich：Updating P300: An integrative theory of P3a and P3b, Clinical Neurophysiology, **118**, 10, pp. 2128–2148 (2007)

81) G. Townsend, B. K. LaPallo, C. B. Boulay, D. J. Krusienski, G. E. Frye, C. K. Hauser, N. E. Schwartz, T. M. Vaughan, J. R. Wolpaw, and E. W. Sellers：A novel P300-based brain-computer interface stimulus presentation paradigm: Moving beyond rows and columns, Clinical Neurophysiology, **121**, 7, pp. 1109–1120 (2010)

82) D. B. Ryan, G. E. Frye, G. Townsend, D. R. Berry, S. Mesa-G, N. A. Gates, and E. W. Sellers：Predictive spelling with a P300-based brain–computer interface: Increasing the rate of communication, International Journal of Human-Computer Interaction, **27**, 1, pp. 69–84 (2010)

83) A. Lenhardt, M. Kaper, and H. J. Ritter：An adaptive P300-based online brain computer interface, IEEE Transactions on Neural Systems and Rehabilitation Engineering, **16**, 2, pp. 121–130 (2008)

84) E. Donchin, K. M. Spencer, and J. Dien：The varieties of deviant experience: ERP manifestations of deviance processors, in Brain and Behavior: Past, Present, and Future, G. Boxtel and K. Bocker, Eds., pp. 67–91 (1997)

85) R. Näätänen, A. W. K. Gaillard, and S. Mäntysalo：Early selective-attention effect on evoked potential reinterpreted, Acta Psychologica, **42**, 4, pp. 313–329 (1978)

86) M. I. Garrido, J. M. Kilner, K. E. Stephan, and K. J. Friston：The mismatch negativity: A review of underlying mechanisms, Clinical Neurophysiology, **120**, 3, pp. 453–63 (2009)

87) M. Kutas and S. A. Hillyard：Reading senseless sentences: Brain potentials reflect semantic incongruity, Science, **207**, no. 4427, pp. 203–205 (1980)

88) J. Y. Bennington and J. Polich：Comparison of P300 from passive and active tasks for auditory and visual stimuli, International Journal of Psychophysiology, **34**, 2, pp. 171–177 (1999)

89) M. Kutas, G. McCarthy, and E. Donchin : Augmenting mental chronometry: The P300 as a measure of stimulus evaluation time, Science, **197**, 4305, pp. 792–795 (1977)

90) H. Smid, A. Jakob, and H.-J. Heinze : An event-related brain potential study of visual selective attention to conjunctions of color and shape, Psychophysiology, **36**, 2, pp. 264–279 (1999)

91) B. Rivet, A. Souloumiac, V. Attina, and G. Gibert : xDAWN algorithm to enhance evoked potentials: Application to brain–computer interface, IEEE Transactions on Biomedical Engineering, **56**, 8, pp. 2035–2043 (2009)

92) B. Rivet, H. Cecotti, M. Perrin, E. Maby, and J. Mattout : Adaptive training session for a P300 speller brain-computer interface, Journal of Physiology, Paris, **105**, 1-3, pp. 123–129 (2011)

93) E. Donchin : Discriminant analysis in average evoked response studies: The study of single trial data, Electroencephalography and Clinical Neurophysiology, **27**, 3, pp. 311–314 (1969)

94) E. Donchin, E. Callaway, and R. T. Jones : Auditory evoked potential variability in schizophrenia. II. The application of discriminant analysis, Electroencephalography and Clinical Neurophysiology, **29**, 5, pp. 429–440 (1970)

95) E. Donchin and R. I. Herning : A simulation study of the efficacy of stepwise discriminant analysis in the detection and comparison of event related potentials, Electroencephalography and Clinical Neurophysiology, **38**, 1, pp. 51–68 (1975)

96) K. C. Squires and E. Donchin : Beyond averaging: The use of discriminant functions to recognize event related potentials elicited by single auditory stimuli, Electroencephalography and Clinical Neurophysiology, **41**, 5, pp. 449–459 (1976)

97) R. L. Horst and E. Donchin : Beyond averaging. II. Single-trial classification of exogenous event-related potentials using stepwise discriminant analysis, Electroencephalography and Clinical Neurophysiology, **48**, 2, pp. 113–126 (1980)

98) D. J. Krusienski, E. W. Sellers, D. J. McFarland, T. M. Vaughan, and J. R. Wolpaw：Toward enhanced P300 speller performance, Journal of Neuroscience Methods, **167**, 1, pp. 15–21 (2008)

99) N. R. Draper and H. Smith：Applied regression analysis, John Wiley & Sons (2014)

100) E. W. Sellers and E. Donchin：A P300-based brain-computer interface: Initial tests by ALS patients, Clinical Neurophysiology, **117**, 3, pp. 538–548 (2006)

101) E. Donchin, K. M. Spencer, and R. Wijesinghe：The mental prosthesis: assessing the speed of a P300-based brain-computer interface, IEEE Transactions on Neural Systems and Rehabilitation Engineering, **8**, 2, pp. 174–179 (2000)

102) K. Satomi, T. Horai, Y. Kinoshita, and A. Wakazono：Hemispheric asymmetry of event-related potentials in a patient with callosal disconnection syndrome: a comparison of auditory, visual and somatosensory modalities, Electroencephalography and Clinical Neurophysiology, **94**, 6, pp. 440–449 (1995)

103) D. L. Schomer and F. L. Da Silva：Niedermeyer's electroencephalography: basic principles, clinical applications, and related fields, Lippincott Williams & Wilkins (2012)

104) A. M. Brouwer and J. B. van Erp：A tactile P300 brain-computer interface, Frontiers in Neuroscience, **4**, MAY, pp. 1–11 (2010)

105) M. S. Treder and B. Blankertz：(C)overt attention and visual speller design in an ERP-based brain-computer interface, Behavioral and Brain Functions, **6**, 1, p. 28 (2010)

106) A. Rezeika, M. Benda, P. Stawicki, F. Gembler, A. Saboor, and I. Volosyak：Brain-computer interface spellers: A review, Brain Sciences, **8**, 4 (2018)

107) J. Jin, P. Horki, C. Brunner, X. Wang, C. Neuper, and G. Pfurtscheller：A new P300 stimulus presentation pattern for EEG-based spelling systems, Biomedizinische Technik, Biomedical engineering, **55**, 4, pp. 203–210 (2010)

108) J. S. Eom, H. R. Yang, M. S. Park, and J. H. Sohn：P300 speller using a

new stimulus presentation paradigm, 2013 International Winter Workshop on Brain-Computer Interface, BCI 2013, pp. 98–99 (2013)

109) R. Fazel-Rezai：Human error in P300 speller paradigm for brain-computer interface, In Proceedings of 2007 29th Annual International Conference of the IEEE Engineering in Medicine and Biology Society, pp. 2516–2519 (2007)

110) Q. T. Obeidat, T. A. Campbell, and J. Kong：Introducing the Edges Paradigm: A P300 Brain-Computer Interface for Spelling Written Words, IEEE Transactions on Human-Machine Systems, **45**, 6, pp. 727–738 (2015)

111) S. T. Ahi, H. Kambara, and Y. Koike：A Dictionary-Driven P300 Speller With a Modified Interface, IEEE Transactions on Neural Systems and Rehabilitation Engineering, **19**, 1, pp. 6–14 (2011)

112) T. Kaufmann, S. M. Schulz, C. Grünzinger, and A. Kübler：Flashing characters with famous faces improves ERP-based brain-computer interface performance, Journal of Neural Engineering, **8**, 5, p. 56016 (2011)

113) F.-B. Vialatte, M. Maurice, J. Dauwels, and A. Cichocki：Steady-state visually evoked potentials: focus on essential paradigms and future perspectives, Progress in Neurobiology, **90**, 4, pp. 418–438 (2010)

114) D. Regan：Some characteristics of average steady-state and transient responses evoked by modulated light, Electroencephalography and Clinical Neurophysiology, **20**, 3, pp. 238–248 (1966)

115) J. Vidal：Real-Time detection of brain events in EEG, Proceedings of the IEEE, **65**, 5, pp. 644–665 (1977)

116) S. Gao, Y. Wang, X. Gao, and B. Hong：Visual and auditory brain-computer interfaces, IEEE Transactions on Biomedical Engineering, **61**, 5, pp. 1436–1447 (2014)

117) G. Bin, X. Gao, Y. Wang, B. Hong, and S. Gao：VEP-based brain-computer interfaces: time, frequency, and code modulations, IEEE Computational Intelligence Magazine, **4**, 4, pp. 22–26 (2009)

118) Y. Wang, X. Gao, B. Hong, C. Jia, and S. Gao：Brain-computer interfaces based on visual evoked potentials, IEEE Engineering in Medicine and

Biology Magazine, **27**, 5, pp. 64–71 (2008)

119) A. J. Viterbi：CDMA: principles of spread spectrum communication, USA: Addison Wesley Longman Publishing Co., Inc. (1995)

120) G. Bin, X. Gao, Y. Wang, Y. Li, B. Hong, and S. Gao：A high-speed BCI based on code modulation VEP, Journal of Neural Engineering, **8**, 025015, pp. 1–5 (2011)

121) Z. Yan, X. Gao, and S. Gao：Right-and-left visual field stimulation: A frequency and space mixed coding method for SSVEP based brain-computer interface, Science China Information Sciences, **54**, 12, pp. 2492–2498 (2011)

122) Z. Wu, Y. Lai, Y. Xia, D. Wu, and D. Yao：Stimulator selection in SSVEP-based BCI, Medical Engineering & Physics, **30**, 8, pp. 1079–1088 (2008)

123) M. Nakanishi, Y. Wang, Y.-T. Wang, Y. Mitsukura, and T.-P. Jung：Generating visual flickers for eliciting robust Steady-State visual evoked potentials at flexible frequencies using monitor refresh rate, PLoS One, **9**, 6, p. e99235 (2014)

124) M. Nakanishi, Y.-T. Wang, T.-P. Jung, J. K. Zao, Y.-Y. Chien, A. Diniz-Filho, F. B. Daga, Y.-P. Lin, Y. Wang, and F. A. Medeiros：Detecting glaucoma with a portable Brain-Computer interface for objective assessment of visual function loss, JAMA Ophthalmology, **135**, 6, pp. 550–557 (2017)

125) C. A. Kothe and S. Makeig：BCILAB: a platform for brain–computer interface development, Journal of Neural Engineering, **10**, 5, p. 056014 (2013)

126) M. Nakanishi, Y. Wang, and T. P. Jung：Spatial filtering techniques for improving individual template-based SSVEP detection, Signal Processing and Machine Learning for Brain-Machine Interfaces (2018)

127) R. Beveridge, S. Wilson, M. Callaghan, and D. Coyle：Neurogaming with Motion-Onset visual evoked potentials (mVEPs): Adults versus teenagers, IEEE Transactions on Neural Systems and Rehabilitation Engineering, **27**, 4, pp. 572–581 (2019)

128) X. Chen, Y. Wang, S. Gao, T.-P. Jung, and X. Gao：Filter bank canonical correlation analysis for implementing a high-speed SSVEP-based brain–

computer interface, Journal of Neural Engineering, **12**, 4, p. 046008 (2015)

129) P.-L. Lee, J.-C. Hsieh, C.-H. Wu, K.-K. Shyu, and Y.-T. Wu：Brain computer interface using flash onset and offset visual evoked potentials, Clinical Neurophysiology, **119**, 3, pp. 605–616 (2008)

130) F. Guo, B. Hong, X. Gao, and S. Gao：A brain-computer interface using motion-onset visual evoked potential, Journal of Neural Engineering, **5**, 4, pp. 477–485 (2008)

131) M. Nakanishi, Y. Wang, Y.-T. Wang, Y. Mitsukura, and T.-P. Jung：A high-speed brain speller using steady-state visual evoked potentials, International Journal of Neural Systems, **24**, 6, p. 1450019 (2014)

132) Y. Wang, X. Gao, and S. Gao：Computational modeling and application of steady-state visual evoked potentials in brain-computer interfaces, Science (supplement), **350**, 6256, pp. 43–46 (2015)

133) G. R. Müller-Putz, R. Scherer, C. Brauneis, and G. Pfurtscheller：Steady-state visual evoked potential (SSVEP)-based communication: impact of harmonic frequency components, Journal of Neural Engineering, **2**, 4, pp. 123–130 (2005)

134) M. Higger, F. Quivira, M. Akcakaya, M. Moghadamfalahi, H. Nezamfar, M. Cetin, and D. Erdogmus：Recursive bayesian coding for BCIs, IEEE Transactions on Neural Systems and Rehabilitation Engineering, **25**, 6, pp. 704–714 (2017)

135) I. Volosyak：SSVEP-based Bremen—BCI interface—boosting information transfer rates, Journal of Neural Engineering, **8**, 3, p. 036020 (2011)

136) A. M. Norcia, L. G. Appelbaum, J. M. Ales, B. R. Cottereau, and B. Rossion：The steady-state visual evoked potential in vision research: A review, Journal of Vision, **15**, 6, p. 4 (2015)

137) G. Dornhege, B. Blankertz, G. Curio, and K.-R. Müller：Boosting bit rates in noninvasive EEG single-trial classifications by feature combination and multiclass paradigms, IEEE Transactions on Biomedical Engineering, **51**, 6, pp. 993–1002 (2004)

138) M. Grosse-Wentrup and M. Buss：Multiclass common spatial patterns and

information theoretic feature extraction, IEEE Transactions on Biomedical Engineering, **55**, 8, pp. 1991–2000 (2008)

139) A. Kübler, F. Nijboer, J. Mellinger, T. M. Vaughan, H. Pawelzik, G. Schalk, D. J. McFarland, N. Birbaumer, and J. R. Wolpaw：Patients with ALS can use sensorimotor rhythms to operate a brain-computer interface, Neurology, **64**, 10, pp. 1775–1777 (2005)

140) H. Ramoser, J. Muller-Gerking, and G. Pfurtscheller：Optimal spatial filtering of single trial EEG during imagined hand movement, IEEE Transactions on Neural Systems and Rehabilitation Engineering, **8**, 4, pp. 441–446 (2000)

141) J. Müller-Gerking, G. Pfurtscheller, and H. Flyvbjerg：Designing optimal spatial filters for single-trial EEG classification in a movement task, Clinical Neurophysiology, **110**, 5, pp. 787–798 (1999)

142) B. Blankertz, M. Kawanabe, R. Tomioka, F. Hohlefeld, V. Nikulin, and K. R. Müller：Invariant common spatial patterns: Alleviating nonstationarities in brain-computer interfacing, Advances in Neural Information Processing Systems, **20**, pp. 113–120 (2008)

143) H. Higashi and T. Tanaka：Simultaneous design of FIR filter banks and spatial patterns for EEG signal classification, IEEE Transactions on Biomedical Engineering, **60**, 4, pp. 1100–1110 (2013)

144) A. Barachant, S. Bonnet, M. Congedo, and C. Jutten：Multiclass brain-computer interface classification by Riemannian geometry, IEEE Transactions on Biomedical Engineering, 59, 4, pp. 920–928 (2012)

145) O. Tuzel, F. Porikli, and P. Meer：Pedestrian detection via classification on Riemannian manifolds, IEEE Transactions on Pattern Analysis and Machine Intelligence, **30**, 10, pp. 1713–1727 (2008)

146) P. C. Fletcher and C. D. Frith：Perceiving is believing: a Bayesian approach to explaining the positive symptoms of schizophrenia, Nature Reviews Neuroscience, **10**, 1, pp. 48–58 (2009)

147) X. Pennec, P. Fillard, and N. Ayache：A Riemannian Framework for Tensor Computing, International Journal of Computer Vision, **66**, 1, pp. 41–66 (2006)

148) M. Moakher : A differential geometric approach to the geometric mean of symmetric positive-definite matrices, SIAM Journal on Matrix Analysis and Applications, **26**, 3, pp. 735–747 (2005)

149) K. K. Ang, Z. Y. Chin, H. Zhang, and C. Guan : Filter bank common spatial pattern (FBCSP) in brain-computer interface, in Proceedings of The 2008 International Joint Conference on Neural Networks (IJCNN), pp. 2390–2397 (2008)

150) M. R. Islam, T. Tanaka, and M. K. I. Molla : Multiband tangent space mapping and feature selection for classification of EEG during motor imagery, Journal of Neural Engineering, **15**, 4 (2018)

151) V. J. Lawhern, A. J. Solon, N. R. Waytowich, S. M. Gordon, C. P. Hung, and B. J. Lance : EEGNet: A compact convolutional neural network for EEG-based brain-computer interfaces, Journal of Neural Engineering, **15**, 5, pp. 1–30 (2018)

152) K.-R. Müller and B. Blankertz : Toward noninvasive brain-computer interfaces, IEEE Signal Processing Magazine, **23**, 5, pp. 126–128 (2006)

153) G. Pfurtscheller, G. R. Muller-Putz, R. Scherer, and C. Neuper : Rehabilitation with brain-computer interface systems, Computer, **41**, 10, pp. 58–65 (2008)

154) J. J. Daly and J. R. Wolpaw : Brain-computer interfaces in neurological rehabilitation, The Lancet Neurology, **7**, 11, pp. 1032–1043 (2008)

155) T. Uehara, M. Sartori, T. Tanaka, and S. Fiori : Robust Averaging of Covariances for EEG Recordings Classification in Motor Imagery Brain-Computer Interfaces, Neural Computation, **29**, 6, pp. 1631–1666 (2017)

156) M. Congedo, A. Barachant, and R. Bhatia : Riemannian geometry for EEG-based brain-computer interfaces; a primer and a review, Brain-Computer Interfaces, **4**, 3, pp. 155–174 (2017)

索　引

—— 著 者 略 歴 ——

東　広志（ひがし　ひろし）

2007 年　都城工業高等専門学校電気工学科卒業
2009 年　東京農工大学工学部電気電子工学科卒業
2011 年　東京農工大学大学院工学府博士前期課程修了（電気電子工学専攻）
2013 年　東京農工大学大学院工学府博士後期課程修了（電子情報工学専攻），博士（工学）
2014 年　豊橋技術科学大学助教
2018 年　京都大学助教
現在に至る

中西　正樹（なかにし　まさき）

2009 年　東京農工大学工学部情報コミュニケーション工学科卒業
2010 年　東京農工大学大学院工学府博士前期課程修了（情報工学専攻）
2014 年　慶應義塾大学大学院理工学研究科後期博士課程修了（総合デザイン工学専攻），博士（工学）
2014 年　カリフォルニア大学サンディエゴ校スウォーツ計算神経科学センター博士研究員
2019 年　カリフォルニア大学サンディエゴ校スウォーツ計算神経科学センター Assistant Project Scientist
2021 年　カリフォルニア大学サンディエゴ校スウォーツ計算神経科学センター Assistant Research Scientist
現在に至る

田中　聡久（たなか　としひさ）

1997 年　東京工業大学工学部電気・電子工学科卒業
2000 年　東京工業大学大学院理工学研究科修士課程修了
2002 年　東京工業大学大学院理工学研究科博士後期課程修了，博士（工学）
2002 年　理化学研究所脳科学総合研究センター研究員
2004 年　東京農工大学講師
2006 年　東京農工大学助教授
2007 年　東京農工大学准教授
2018 年　東京農工大学教授
現在に至る

脳波処理とブレイン・コンピュータ・インタフェース
—計測・処理・実装・評価の基礎—
EEG Processing and Brain Computer Interface
—Fundamentals of Measurement, Processing, Implementation, and Evaluation—

2022 年 10 月 20 日　初版第 1 刷発行

検印省略	著　者	東　　広　志
		中　西　正　樹
		田　中　聡　久
	発 行 者	株式会社　コ ロ ナ 社
		代 表 者　牛 来 真 也
	印 刷 所	三 美 印 刷 株 式 会 社
	製 本 所	有限会社　愛 千 製 本 所

112–0011　東京都文京区千石 4–46–10
発 行 所　株式会社　**コ　ロ　ナ　社**
CORONA PUBLISHING CO., LTD.
Tokyo Japan
振替 00140–8–14844・電話(03)3941–3131(代)
ホームページ　https://www.coronasha.co.jp

ISBN 978–4–339–01404–4　C3355　Printed in Japan　（齋藤）

シリーズ 情報科学における確率モデル

（各巻A5判）

■編集委員長　土肥　正
■編集委員　　栗田多喜夫・岡村寛之

	配本順			頁	本体
1	（1回）	統計的パターン認識と判別分析	栗田多喜夫・日高章理共著	236	3400円
2	（2回）	ボルツマンマシン	恐神貴行著	220	3200円
3	（3回）	捜索理論における確率モデル	宝崎隆祐・飯田耕司共著	296	4200円
4	（4回）	マルコフ決定過程 —理論とアルゴリズム—	中出康一著	202	2900円
5	（5回）	エントロピーの幾何学	田中　勝著	206	3000円
6	（6回）	確率システムにおける制御理論	向谷博明著	270	3900円
7	（7回）	システム信頼性の数理	大鑄史男著	270	4000円
8	（8回）	確率的ゲーム理論	菊田健作著	254	3700円
9	（9回）	ベイズ学習とマルコフ決定過程	中井　達著	232	3400円
		マルコフ連鎖と計算アルゴリズム	岡村寛之著		
		確率モデルによる性能評価	笠原正治著		
		ソフトウェア信頼性のための統計モデリング	土肥　正・岡村寛之共著		
		ファジィ確率モデル	片桐英樹著		
		高次元データの科学	酒井智弥著		
		最良選択問題の諸相 —秘書問題とその周辺—	玉置光司著		
		空間点過程とセルラネットワークモデル	三好直人著		
		部分空間法とその発展	福井和広著		
		協力ゲーム入門	菊田健作著		

定価は本体価格+税です。
定価は変更されることがありますのでご了承下さい。

図書目録進呈◆